농촌 치유자원을 활용한

농촌치유프로그램

농특산물 족욕, 농촌 일광욕, 접지맨발걷기

농특산물을 활용한 족욕 치유
농촌의 자연환경을 활용한 일광욕 치유
농촌의 자연환경을 활용한 접지맨발걷기 치유

조록환 著

대구한의대학교출판부

PROFILE

조록환

서울대학교와 동 대학원(교육학박사)을 졸업하고 농촌진흥청에서 치유 및 관광 산업 분야에 33년 7개월 종사하였다. 독일 크나이프 치료사 자격을 취득한 후 현재는 대구한의대학교 치유산업학과 교수로 재직하고 있다.

저서로 크나이프 치유(공저), 치유산업경제론(공저), 치유농업천제, 농촌치유프로그램개발, 농촌치유자원 사업화 전략 등 다수가 있다.

PREFACE

서 문

먼저 이 책을 읽어야 할 분들은 자기 건강을 스스로 지키고자 하는 모든 국민들, 더 나아가서 건강에 관심이 있는 세계의 모든 사람이다.

한국의 자연적인 자원과 농업적인 자원을 결합하여 보다 쉽고, 치유적 효과를 극대화 시킬 수 있는 방법들이 수록되어 있다.

현실적으로 귀농귀촌을 준비하는 사람들도 꼭 필요한 책이다. 농촌으로 가서 건강도 회복하고 자기가 생산한 농특산물을 활용하여 치유프로그램을 운영한다면 소득도 창출할 수 있게 된다.

치유관련 공무원, 지도자, 교수, 강사, 기관과 단체의 임직원 등도 필요한 책이다.

특히 현재 치유에 관심이 있는 우리 농업인들도 꼭 읽어야 할 책이다.

여러분의 건강과 미래를 위해 치유산업에 도전하셨으면 한다.

역사적으로 우리 인간의 최고의 바램은 무병장수하는 것일 것이다.

세계 건강웰니스시장 1800조원 시대를 맞이하여 치유에 대한 관심은 더욱 고조되어 가고 있는 실정이다.

우리 인류는 자연속에서 태어났고, 자연과 더불어 살아갈 때 더욱 건강해 왔다.

그러나 현대인은 다양한 직업과 생활양식을 가지고 살아가고 있다. 직업에 따라 개인의 생활방식도 변해가고 있다. 사람들은 삶이 복잡하고 개인의 뜻대로 이루어지지 않는 일이 많을수록 삶에 대한 회의를 느끼고 스트레스를 받게 되는 것이다.

햇빛, 물, 땅을 최고의 치유자원으로 활용할 수 있도록 치유원리와 방법에 대한 이야기이다.

태양을 활용하여 일광욕 치유프로그램을 개발하고, 물을 활용하여 족욕 치유프로그램을 만들고, 땅을 활용하여 접지맨발걷기 치유프로그램을 만들었다.

태양 없이는 지구상의 생명체를 상상할 수 없다. 햇빛은 우리 몸의 자연스러운 리듬을 조절하는 데 도움이 되며 햇빛을 충분히 섭취하지 않으면 건강에 영향을 미칠 수 있다. 특정 시간에 지속적으로 태양의 따뜻한 광선에 노출한다면 수많은 피부 질환을 치료할 수 있다.

일광욕 치유프로그램은 다양한 건강 문제를 치유하는 자연스러운 방법이다.

일광욕 요법은 호르몬 수치를 억제하고 장애를 막는 데 도움이 된다. 건강한 방식으로 태양 광선에 자신의 피부에 직접 노출시키면 비타민 D를 몸에 생성하게 된다.

일광욕은 신체의 혈액 순환을 개선하고 신체의 독소를 제거하는 데 도움이 됩니다.

족욕은 치유적 기능성이 포함하고 있는 허브, 약초, 농작물 등을 물과 결합하여 치유적 효과를 얻을 수 있게 된다. 물에 넣고 끓이거나, 녹여서 족욕물로 활용하는 것이다. '두한족열'이란 건강하려면 '머리는 차게, 발은 따뜻하게' 해야 한다는 말로서 차가운 기운은 위로 향해 신체의 열을 꺼주고 더운 기운은 아래로 향하게 해 몸의 에너지를 순환시켜주는 것을 뜻한다.

한의학에서는 상체로 열이 오르고 하체가 차가우면 병이 온다고 한다. 따라서 발을 따뜻하게 해 상체와 하체의 혈액순환을 도와 건강을 유지하는 데 도움이 된다. 두 발을 온수에 담그는 족욕은 발을 따뜻하게 하는 데 효과적이다. 족욕을 하면 발의 혈관이 확장돼 상체와 하체의 혈액순환이 잘 이루어지고, 머리도 맑아진다. 또 가벼운 감기, 두통, 원인이 밝혀지지 않은 불면증, 신경쇠약 증상을 완화시키는 데도 도움받을 수 있다. 피로 회복과 근육 이완 효과도 있다.

우리 몸의 피부가 땅에 직접적으로 닿게 되면 땅의 음전자가 몸속으로 들어와서 활성산소와 결합되어 안정화를 이루게 되어 치유적 효과를 발휘하게 된다.

1개의 전자가 떨어져 나가 전자가 결핍되면 원자가 매우 불안정해서 공격적 성향으로 변하게 된다. 우리 인간도 소중한 것을 잃었을 때 심리적으로 불안정하고 스트레스가 오며 행동은 공격적으로 변하게 되는 것과 같은 이치라고 할 수 있다. 우리 몸이 건강해지려면 공격적인 활성산소를 진정시켜서 순하게 만들어야 한다. 그리고 활성산소를 진정시키려면 짝을 잃은 전자를 보충하고 산화를 방지하는 데 도움이 되는 항산화제를 보충해야 한다. 과잉된 활성산소는 암과 고혈압, 고혈당은 물론 치명적인 심혈관질환, 치매, 알츠하이머 등 수많은 질병으로 인류의 삶을 고통과 죽음 속으로 밀어 넣고 있다.

간단히 말해서 맨발이나 피부가 땅에 닿으면 자유 전자가 몸 안으로 흡수된다. 이 전자는 자연의 가장 큰 항산화제라고 할 수 있으며 신체의 염증과 질병을 유발할 수 있는 과도한 자유라디칼을 중화하는 데 도움이 된다. 지구는 전도체 또는 자유 전자이며 우리를 포함하여 지구상의 모든 생명체도 마찬가지이다. 몸은 대부분 물과 미네랄로 구성되어 있으며, 이 조합은 지구에서 전자의 우수한 전도체로 구성되어 직접적인 피부 접촉 또는 다른 전도성 채널이 통과할 수 있다.

지구의 에너지는 신체가 대처하고 회복할 수 있도록 하여 웰빙, 활력 및 더 나은 수면을 촉진함으로써 생리학을 업그레이드한다. 또한 신체의 기본 생물학적 리듬을 조화시키고 안정시키며 만성 염증을 없애고 관련 통증을 줄이고 제거하여 가장 자연스럽고 강력한 항염증 및 노화 방지 치료제이다. 나이, 성별, 인종 또는 건강 상태와 관계없이 매일 접지맨발걷기를 하면 치유적 효과를 기대할 수 있다.

우리 농촌의 자연과 건강한 농업적 자원을 활용한다면 투입비용은 최소화하고 치유적 효과는 극대화할 수 있다.

이 책에서는 태양, 물, 땅이라는 자연자원의 치유적 원리의 이해를 통한 보다 더 창조적인 치유프로그램을 현장에서 기획하여 활용할 수 있도록 구성하였다.

제1장에서는 우리농장에서 생산한 농특산물을 활용한 족욕치유프로그램에 대해 정리하였다.

우리 인간의 건강관점에서 발의 중요성, 족욕치유와 관련된 주요 선행 연구결과를 수록하였다. 족욕의 치유적 원리와 방법 그리고 효과에대해서 상세하게 정리하였다. 농촌에서 농특산물을 활용하여 족욕치유프로그램을 준비하여 농특산물의 부가가치를 제고할 수 있도록 하였으며, 족욕치유의 목적에 따른 족욕방법을 정리하고, 외국의 족욕방법도 추가하였다.

제2장에는 농촌의 자연환경을 활용한 일광욕 치유프로그램에 대해서 정리하였다.

일광욕은 태양의 빛이 우리 피부에 닿으면 비타민D를 생성하게 되어 우리의 건강을 지켜주고 있다. 일광욕이 필요한 이유, 일광욕의 치유의 원리, 연구사례를 정리하였다. 일광욕의 치유효과를 최대화를 위한 일광욕의 적절한 방법을 정리하였고, 일광욕을 통한 치유효과에 대해서 설명하고 해설하였다. 추가적으로 태양

응시의 치유적 원리를 해설하였다. 특별히 비타민D가 풍부한 버섯 만드는 방법에 대해서 소개하였다.

제3장에는 농촌 자연환경을 활용한 접지 맨발걷기 치유프로그램에 대해서 정리하였다. 주요내용은 접지맨발걷기의 필요성, 접지의 이해, 접지맨발걷기의 치유원리, 연구사례, 실행방법, 치유효과, 농촌 치유자원을 활용한 접지맨발걷기, 집안 접지 치유 등 다양한 접지 방법 등이다.

제4장 농촌치유자원과 환경을 활용하여 족욕, 일광욕, 접지맨발걷기 등의 치유프로그램을 융합하여 치유적 효과를 제고할 수 있도록 구성하였다. 주요내용은 족욕과 일광욕 융합 치유프로그램, 일광욕과 접지 맨발걷기 융합 치유프로그램, 족욕과 접지 그리고 일광욕 등 3종 융합 치유프로그램 등이다. 생활사망은 인간이 생리적활동(식사, 소변, 대변 등)과 기본생활(이동, 사고활동 등)을 자기 스스로 하지 못하는 상태를 말하며, 생물사망은 숨이 멎은 상태를 말한다.

필자는 독자 여러분이 본 책을 통하여 햇빛, 땅, 물 등을 활용하여 농촌의 치유적 공간에서 농특산물과 결합하여 보다 치유적 효과를 최대화하여 건강한 삶을 살고, 가족도 치유하고, 나아가서 방문객도 치유하게 되어 건강과 소득증대의 두 마리 토끼를 잡을 수 있기를 기대한다.

2024년, 2월 5일

대구한의대학교 치유산업과 교수연구실에서

조록환 교수 드림

목차

제1장

농촌 치유자원을 활용한 농촌치유프로그램
농특산물 족욕, 농촌 일광욕, 접지맨발걷기

농특산물을 활용한 족욕치유 프로그램

제1장. 농특산물을 활용한 족욕치유 프로그램

족욕은 고대부터 오늘날까지 많은 문화권에 걸쳐 있으며, 중국과 일본의 전통적 치유로 계속 인기를 얻고 있다. 인체의 중요한 혈(血)들이 밀집된 곳이 발이다.

족욕과 수면의 질에 대해 점점 더 많은 연구에서 몇 가지 가능성을 보여준다.

한 연구에 따르면 20분 동안 족욕을 하면 수면 대기 시간과 총 수면 시간에 긍정적인 영향을 미친다고 한다. 다시 말해, 야간 일과에 족욕을 추가하면 꿈나라에 더 빨리 갈 수 있고 더 오래 숙면을 취할 수 있다. 또 다른 연구에서는 특히 수면의 질이 좋지 않은 사람들에게서 수면 효율이 향상되었다고 한다.

족욕은 우리 농촌에서는 직접 재배한 농산물이나 자연의 다양한 야생 약초를 이용할 수 있어서 사람을 치유도 하고 농특산물의 부가가치도 높일 수 있다. 농촌의 치유적 환경에서 우리 몸을 치유할 수 있는 좋은 치유프로그램이 족욕치유라고 할 수 있다.

1. 인간 발의 이해

족욕의 대상인 발에 대한 해부학적 이해와 발의 기능에 대해서 알아보고 족욕을 하면 더 좋을 것이다.

사람은 일생 동안 평균 십만 킬로미터 이상을 걷는다고 한다. 따라서 온몸을 지탱하며 일평생을 혹사당하는 발은 신체 중 가장 빨리, 가장 자주 피로를 느낀다. 문제는 발의 신경은 오장육부와 뇌까지 연결되어 있어서 발이 피곤하면 신체 건강은 물론 정신 건강까지 악화된다는 것이다. 제2의 심장이라 불리는 발을 건강하게 유지하는 것이 신체를 건강하게 유지하는 데 가장 중요한 요소로 꼽히는 것도 모두 이 때문이다.

발은 신체가 복잡한 활동을 보다 유연하게 수행하는 데 도움이 되는 다양한 작은 뼈로 구성되어 있다. 발은 상체 전체와 조화를 이루며 상호 작용하여 우리가 서서 달리기, 점프 및 스포츠와 같은 복잡한 움직임을 수행할 수 있도록 한다.

발에는 신체의 20개 이상의 경혈이 있으며, 각 경혈은 다양한 유연한 활동을 유지하고 건강에 영향을 미치는 역할을 한다. 발바닥의 경혈은 뇌와 연결되어 있어서 족욕은 수면을 향상시킬 수 있다. 현재 한의학은 두통 완화, 뼈 및 관절 질환 치료, 해독 등을 위해 발 마사지를 적용하고 있다.

발은 신체의 훌륭한 부분으로 간주된다. 발은 신체가 복잡한 활동을 보다 유연하게 수행하는 데 도움이 되는 다양한 작은 뼈로 구성되어 있다. 발은 상체 전체와 조화를 이루며 상호 작용하여 우리가 서서 달리기, 점프 및 스포츠와 같은 복잡한 움직임을 수행할 수 있도록 한다.

발에는 신체의 20개 이상의 경혈이 있으며, 각 경혈은 다양한 유연한 활동을 유지하고 건강에 영향을 미치는 역할을 한다. 발바닥의 경혈은 뇌와 연결되어 있기 때문에 족욕은 수면을 향상시킬 수 있다. 현재 한의학은 두통 완화, 뼈 및 관절 질환 치료, 해독 등을 위해 발 마사지를 적용하고 있다. 인간의 발은 26개의 뼈와 33개의 관절, 94개의 근육으로 아치를 형성해 우리 몸을 지탱하고 균형을 유지하는 중요한 기관이다.

뿐만 아니라 신체의 모든 신경기관과 연결되어 있는 인체의 축소판이자 심장을 도와 혈액순환을 돕는 제2의 심장이기도 하다.

발에는 기혈이 운행되는 12개의 경락, 오장육부와 연결되는 36개의 혈이 존재한다.

또한 아래로 몰린 피를 심장으로 보내는 중요한 역할을 담당하고 있기 때문에 발이 건강하지 않으면 혈액순환에 문제가 생기게 된다.

그러므로 발의 상태가 건강을 좌우한다는 말은 과언이 아니다. 건강을 지키는 족욕법은 발을 강하고 튼튼하게 만들면 단순히 발의 근육뿐만 아니라 심장, 폐, 뇌, 내장 등 신체 기능이 전반적으로 좋아져 몸 전체가 건강해진다. 평소 발 관리를 꾸준하게 하고 걷기 운동으로 발을 단련시키면 노화와 치매의 예방 효과가 큰 것도 이 때문이다.

2. 족욕 관련 연구

2021년 페르다 어큐즈 오드데미르 등은 따뜻한 바닷물 족욕이 피로와 관련된 암 환자의 삶의 질을 향상시키는 효과적인 접근법이 될 수 있음을 보여주었다.

라벤다 오일 족욕은 심장이나 호흡수에 변화를 일으키지 않았지만, 혈류를 크게 증가 시켰다. 스펙트럼 분석을 사용하여 부교감 신경 활동은 두 가지 유형의 족욕을 하는 동안 크게 증가했다. 라벤더 에센셜 오일을 첨가한 족욕의 경우, 이완과 관련된 방향으로 자율 활동의 균형에 지연된 변화가 있었다. 뜨거운 족욕과 라벤더 오일은 자율 활동의 작지만 중요한 변화와 관련이 있다.

아로마 오일을 이용한 족욕의 효과는 라벤더에서 세타(θ)파와 알파(α)파를 활성화 시켜 긍정적인 영향을 미쳤다. API(평균선호지수)는 만다린을 이용한 족욕이 가장 높았고, 라벤더 ≥ 클라리 세이지 〉 페퍼민트 〉 사이프러스 〉 클로브 순이었다. 아로마를 이용한 테라피(therapy)는 아로마 오일을 흡입하는 것과 아로마를 족욕에 사용하는 것으로 나뉘는데, 각각의 방식에서 드러나는 뇌파와 감성반응 측정 결과를 통해 피험자들의 심신에 미치는 영향을 정량적으로 분석하였다. 이러한 테라피의 효능은 중추신경계에 긍정적 영향을 미쳤으며, 특히 아로마 오일을 흡입하는 것보다 족욕이나 목욕에 오일을 활용하는 것이 심신에 더 효과적임을 확인할 수 있었다. 뇌파측정과 감성 반응 연구를 통하여 '아로마 오일을 이용한 족욕의 효과'가 보다 구체적이고 과학적으로 밝혀졌으므로 향후 더 유용하게 사용될 것으로 보인다.

이상의 연구결과를 통해 볼 때, 입욕제에 따른 족욕이 입시로 인하여 장시간 같은 자세로 공부하는 수험생들의 하지부종, 스트레스, 피로도 감소에 매우 효과적인 것으로 사료되며, 부종의 감소는 인체의 순환을 촉진하고 노폐물 배출로 인하여 신체적, 심리적인 이완을 유도한다고 사료된다

하진미(2010)는 족욕이 이완기 혈압, 맥박, 피부온도, 뇌기능지수(주의지수, 스트레스지수), 직무스트레스, 신체자각증상, 피로감, 족욕 후 만족도에 긍정적인 영향을 미쳐 직장남성의 스트레스 및 심신이완에 효과적이라고 하고 있다.

박영신(2011)은 간호사 대상으로 한 족욕 연구에서 야간근무 중 족욕 실시가 생리적피로 척도인 혈중 젖산 수치에는 유의한 차이를 보이지 않았으나, 주관적 피로 자각 증상 및 시각통증척도(VAS)에는 족욕 실시 전후로 집단 간

유의한 차이가 있었음을 볼 때, 야간근무시 족욕 실시가 간호사의 피로 감소에 영향을 주는 중재 방법이라고 하고 있다.

임성은(2007)은 석사논문에서 족욕이 신경 이완과 혈액순환 증가로 혈압 및 맥박의 변화와 기초 혈액의 농도 변화, 근경도와 피부온도의 변화가 있었으며, 신체적, 심리적 이완을 도와 스트레스 호르몬 농도의 감소와 뇌 기능 지수 중 각성상태와 스트레스를 알아볼 수 있는 주의 지수와 스트레스 지수의 변화에 영향을 미쳤을 것이라고 했다. 이는 족욕이 자연 치유적인 요법으로 효과적이고 스트레스 중재요법으로 제시될 수 있으리라 보인다.

오희선 등(2010)은 입욕제에 따른 족욕이 수험생의 입시로 인한 스트레스, 피로도 감소에 매우 효과적인 것이라고 했다.

김은영(2018)은 아로마 오일을 이용한 족욕은 중추신경계에 긍정적 영향을 미쳤으며, 특히 아로마 오일을 흡입하는 것보다 족욕에 오일을 활용하는 것이 심신에 더 효과적임을 확인하였다.

오유경(2015)은 족욕은 수면양상과 만족도를 상승시킴으로써 뇌졸중 노인 환자의 수면장애 감소와 피로 완화에 효과가 있음을 알 수 있었다고 하였다. 따라서 족욕은 뇌졸중 노인 환자의 수면 양상과 만족도를 증가시키고 피로 완화에 도움을 줄 수 있는 효과적인 중재방안이라고 하였다.

족욕은 두 그룹 모두의 전신 혈역학 및 체온에 유의한 영향을 미치지 않았지만, 족욕은 두 그룹 모두에서 호흡기 부정맥과 R-R 간격 가변성의 파워 스펙트럼의 호흡기 동기화 및 HF 성분을 감소시켰다. 호흡 R-R 간격의 감소는 임산부에게서 더 두드러졌다. 윤순영(2009)은 응급수지접합 환자의 수술 후 족욕을 통하여 혈류속도, 맥박수, 통증은 시간의 흐름에 따라 중재의 효과가 있고, 스트레스 지각에서도 효과가 크다고 하였으며, 족욕은 임상에 있는 대부분의 환자들에게 경제적이면서도 간편하고 심리적인 효과뿐만 아니라 생리적 효과에도 도움이 되어 임상에서의 효과적인 이완요법으로 이용될 수 있다고 하였다.

정은서(2009)는 족욕은 노인의 수면 전 심부체온의 변화량을 음의 방향으로 증가시키고, 수면양상을 증진시키는 효과적인 간호중재라고 밝혔다.

3. 족욕의 원리

가. 족욕의 이해

족욕은 발과 발목이 잠길 정도의 깊이의 물에 발을 담그는 것을 말한다.

다리 부위만 물에 담가 피로를 풀어내는 목욕의 한 종류이며, 탈의하지 않고도 할 수 있다. 보통은 따뜻한 물에서 한다. 따뜻한 물에서 하면 발이 따뜻해지며, 스트레스를 풀고, 혈액 순환, 피부 미용에 도움을 주고, 머리가 맑아지는 등 반신욕과 비슷한 효과가 있다. 반신욕보다 반응이 약하고 느리게 오긴 하지만 간편하고 물을 많이 쓰지 않아서, 혹은 욕조가 없을 때 선호하는 방법이다. 나무로 된 이동식 족욕기를 이용하면 좋다.

나. 족욕의 원리

'두한족열'이란 건강하려면 '머리는 차게, 발은 따뜻하게' 해야 한다는 말로서 차가운 기운은 위로 향해 신체의 열을 꺼주고 더운 기운은 아래로 향하게 해 몸의 에너지를 순환시켜주는 것을 뜻한다.

한의학에서는 상체로 열이 오르고 하체가 차가우면 병이 온다고 한다. 따라서 발을 따뜻하게 해 상체와 하체의 혈액순환을 도와 건강을 유지하는 데 도움이 된다. 두 발을 온수에 담그는 족욕은 발을 따뜻하게 하는 데 효과적이다. 족욕을 하면 발의 혈관이 확장돼 상체와 하체의 혈액순환이 잘 이루어지고, 머리도 맑아진다. 또 가벼운 감기, 두통, 원인이 밝혀지지 않은 불면증, 신경쇠약 증상을 완화시키는 데도 도움받을 수 있다. 피로 회복과 근육 이완 효과도 있다. 족욕을 효과적으로 하는 방법은 38~42℃의 물에 무릎 아래쪽 다리를 20분가량 담그는 것이다. 특히 안쪽 복사뼈에서 약 10cm 위에는 '삼음교'라는 경혈을 따뜻하게 해주면 아랫배의 혈액순환을 도와 전신 혈액순환에 좋다.

족욕 효능으로는 불면증을 극복하는 것은 물론이고 혈액순환, 피로회복 등에도 도움이 된다. 이뿐만 아니라 소화불량이나 스트레스 해소에도 효과적이다.

그중 족욕의 효과에서 가장 중요한 것이 바로 혈액순환을 촉진하는 것이다.

예부터 건강해지려면 머리는 차갑게, 발은 따뜻하게 하는 것이 좋다고 알려져 있다.

따뜻한 기운은 차가운 기운과는 달리 아래에서 위로 향하려는 성질이 있기 때문에 발이 따뜻해져야 발끝부터 머리끝까지 전체적으로 혈액순환이 원활하게 촉진되게 된다.

혈액순환이 활발해지면 면역력도 향상되어 감기는 물론 피로회복, 불면증 극복 등 족욕의 다양한 효과를 얻게 되는 것이다.

4. 족욕 방법

가. 족욕기 선택

습식족욕은 족욕의 오리지날 효과를 가장 잘 볼 수 있지만 물을 받는 과정과 뒤처리 과정 등의 번거로움이 있고, 중간에 물이 식어 불편한 것이 특징이다. 반면에 족욕시 족욕수에 생강이나 식초, 소금, 녹차 등의 첨가제를 풀어 발 냄새를 제거하거나 무좀 방지, 피로회복 등의 효과를 병행할 수 있다는 장점이 있다.

가장 큰 장점은 무엇보다 수분의 공급이다. 발은 굳은살, 각질 등이 끼기 쉽고, 하루종일 양말과 신발 속에 밀폐되어 있기 때문에 세균 번식도 좋아 무좀균이 번식하기도 한다. 습식의 경우 수분을 공급해서 굳은살을 불려, 각질을 제거하게 해주고, 발이 부드러워질 수 있게 돕는다. 보조 첨가제를 물에 풀면 세균 방지 효과도 볼 수 있다. 좀 더 자연적인 방법이라고 할 수 있다.

건식 족욕은 습식족욕의 불편함을 해결하기 위해 나온 방법이다. 전기장판과 같은 전열효과를 통해 발을 따뜻하게 해서 전체적인 체온 상승을 돕는 방식인데, 무엇보다 습식의 번거로움을 해결해 주면서 인기를 끌고 있다.

지속성이라는 면에 있어서는 건식 족욕이 훨씬 장점이 있다. 그리고 사실 습식에 비해 멋이 있다고 할 수 있다. 건식의 경우 발에 수분을 공급한다는 측면에서는 그리 효과가 좋진 못하다. 또 건식 족욕기를 선택할 때는 전기인증과 전자파 인증이 있는 제품을 선택해야 저온 화상과 전자파의 피해를 보지 않는다는 것을 유의해야 한다.

따라서 이 책에서는 습식족욕기를 활용한 족욕치유에 대해서 정리하였다.

나. 장소별 족욕방법

1) 야외 족욕 방법

◎ 1단계 : 족욕할 장소를 편안한 환경으로 조성한다.

족욕을 할 위치를 정한다. 농장이나 마을의 잔디마당이나 숲속이면 좋다. 취침전 족욕이면 실내 욕실에서 해도 좋다. 마음이 편안해지는 음악을 틀고, 밤에 원한다면 촛불을 켜고 모든 용품이 가까이 두고 사용할 수 있도록 한다. 준비물은 수건, 스크럽, 로션, 양말 또는 슬리퍼가 포함된다.

- 침실, 욕실, 거실 등 원하는 곳 어디에서나 족욕을 즐길 수 있다.
- 선(禪) 음악, 클래식 음악, 자연의 소리 등 개인별 편안한 분위기를 연출한다.
- 상쾌한 족욕을 원한다면 야외에서 하면 좋습니다. 봄과 가을철에는 햇빛이 쬐는 곳이면 더 좋다. 여름은 그늘에서, 겨울은 따뜻한 곳에서 하면 된다.

◎ 2단계 : 원목 족욕기에 따뜻한 물을 채운다..

욕조에 따뜻한 물을 채운다. 두 발에 맞을 만큼 원목 족욕기를 구입하여 활용한다. 욕조가 종아리 절반까지 닿을 수 있을 만큼 충분히 높은지 확인한다. 욕조 바닥에 구슬이나 매끄러운 돌을 추가하게 되면 지압이나 마사지를 할 수 있다.

족욕물은 미리 기능성 농산물(쑥, 오미자, 오갈피 열매 등)을 뜨거운 물에 삶거나, 우려내서 활용하면 좋다.

- 3단계 : 추가로 원하는 입욕제 첨가한다.

원하는 허브, 소금 또는 오일을 추가한다. 여기에서 정말 창의력을 발휘할 수 있다. 엡솜 소금이나 바다 소금을 한 줌 넣는 것만큼 간단할 수도 있고, 우유 목욕을 만드는 것만큼 멋질 수도 있다. 다음은 시작하는 데 도움이 되는 몇 가지 아이디어이다. 거품을 좋아하고 발을 부드럽게 하고 싶다면 거품 목욕 용액을 뿌린다. 향수와 아로마테라피를 위해 에센셜 오일 10방울을 추가한다. 페퍼민트, 라벤더 또는 레몬그라스는 모두 훌륭한 선택이다.

더 멋지고 시각적인 외관을 원한다면 약간의 민트나 장미 꽃잎 한 줌을 추가한다.

발을 부드럽게 하려면 분유(유제품 또는 콩) 1컵(125g)과 아몬드 오일 1티스푼(15mL)을 대신 사용한다.

- 4단계: 10~15분 동안 발을 물에 담근다.

10~15분 동안 발을 물에 담근다. 편안한 의자 앞에 욕조를 당겨 놓는다. 의자에 앉아서 욕조에 발을 집어넣는다. 책을 읽거나 눈을 감고 음악을 듣는다. 풋 스파를 페이스 마스크나 아이 마스크와 같은 다른 트리트먼트와 결합할 수도 있다. 더러운 물은 그다지 편안하지 않으므로 발이 깨끗한지 확인한다. 더러우면 먼저 샤워기, 욕조 또는 세면대에서 헹군다.

- 5단계: 몸을 담근 후 스크럽이나 매니큐어 브러시로 발 각질을 제거한다.

10분에서 15분이 지나면 각질을 제거할 시간이다. 간단한 치료를 위해 매니큐어 브러시 또는 작은 바디 브러시를 사용한다.

더 멋진 트리트먼트를 원한다면 집에서 만들거나 상점에서 구입한 발 스크럽을 대신 사용한다. 피부가 가장 굳은살이 박인 발뒤꿈치에 각질 제거에 집중한다. 풋 스크럽을 사용한 경우 발을 담근 물로 헹군다. 유난히 굳은살이 박인 발뒤꿈치의 경우 부석을 사용하는 것이 좋다. 필요할 때마다 물을 뿌릴 수 있도록 욕조 위에 발을 올려놓는다.

- 6단계 : 발 마사지를 받는다.

욕조에 구슬을 추가했다면 발을 앞뒤로 굴릴 수 있다. 상점에서 구입한 마사지기를 사용하거나 손을 사용하여 전통적인 발 마사지를 할 수도 있다. 전문가처럼 마사지를 올바르게 하는 것에 대해 부담을 가지지 않는다. 자신에게 가장 잘 맞도록 하면 된다.

- 7단계 : 발을 두드려 물기를 닦은 다음 보습제를 바른다.

먼저 부드럽고 깨끗한 수건으로 발을 두드려 말린다. 다음으로 바디 로션을 발에 마사지한다. 로션이 없다면 바디 버터, 바디 오일 또는 호호바 오일을 대신 사용할 수 있다. 면양말 한 켤레를 신어 모이스처라이저를 밀봉한다. 이 양말은 밤새 신은 상태로 두는 것이 가장 좋다.

- 8단계 : 필요시 페디큐어를 한다.

매니큐어 브러시로 발톱 아래를 닦은 다음 손톱깎이로 다듬는다. 깨끗한 수건으로 발을 닦은 다음 매니큐어 리무버로 발톱을 닦아 기름을 제거한다. 베이스 코트를 바르고 원하는 매니큐어 색상으로 후속 조치를 취한 다음 투명 탑코트로 밀봉한다. 계속 진행하기 전에 모든 것을 말린다. 큐티클을 뒤로 밀어야 하는 경우 매니큐어를 바르기 전에 큐티클 푸셔나 오렌지 스틱으로 밀어낸다.

광택제를 바른 후 발가락이 막힌 신발을 신기 전에 최소 45분을 기다리는 것이 좋다.

2) 실내 족욕 방법

겨울철과 같은 추위 심한 경우나 취침 전에 족욕을 할 때는 실내에서 하게 된다. 실내에서 족욕을 할 때 준비물과 그 방법을 정리하면 다음과 같다.

● 준비물

- 족욕기, 목욕 수건 2개, 전기 또는 스토브, 찻주전자
- 실온 또는 더 차가운 물(1갤런)이 담긴 양동이

● 실내족욕 방법

- 물 1갤런(약 3.78리터)을 끓여 빈 족욕 양동이에 붓는다.
- 찬물로 취향에 맞게 물의 온도를 조절한다. 온도는 개인에 따라 다르지만, 화상을 입거나 뜨거운 물을 피해야 한다. 온수 욕조에 천천히 들어가는 것을 상상해 본다.
- 족욕탕에 발을 담그고 15분 이상 앉아 있는다. 최대 30분이다.
- 물이 식으면 양동이에 뜨거운 물을 천천히 추가한다. 족욕 후 잠자리에 들거나 발 마사지를 추가하면 좋다.

◉ 족욕 금지 대상

- 임신 중이거나 의학적 문제가 있는 경우 시작하기 전에 의사와 족욕에 대해 상의를 하는 것이 좋다. 배가 고플 때, 술을 마신 후, 매우 피곤할 때는 발 목욕을 피해야 한다. 족욕 중에 어지러움을 느끼면 물에서 발을 떼거나 대야에 찬물을 추가한다. 이렇게 하면 혈관이 수축하고 어지럼증을 완화하는 데 도움이 된다.

다. 족욕물 온도별 족욕방법

우선 올바른 족욕을 위해서는 족욕 시간과 물의 온도 그리고 물의 높이를 적정하게 유지해야 한다. 일반적으로 족욕의 적정시간은 10~20분 정도이고, 물의 적정온도는 38~43℃이다. 체질과 몸 상태에 따라 시간과 물의 온도를 달리하는 것이 좋다고 한다. 횟수는 하루 1~2회 정도가 적당하다고 한다.

1) 고온 족욕(42~45℃)

운동이나 과도한 업무로 인해 육체 피로가 쌓였다면 42~45℃ 정도의 뜨거운 물로 족욕하는 게 좋다. 뜨거운 물은 근육에 쌓인 피로물질인 젖산을 배출해 만성피로가 있는 사람에게도 권장되고, 또한 관절염, 근육통 등 발 다리 만성 통증을 완화하는 데도 도움이 된다.

고온 족욕을 할 때는 40℃ 정도의 미지근한 물로 시작해 3~5분 후 뜨거운 물을 조금씩 부어 온도를 높이도록 하는 것이 좋고 족욕 시간은 15분을 넘기지 말아야 한다. 단 만약 온도를 낮췄다면 30분 정도까지는 족욕을 즐겨도 좋다.

◉ 온수를 이용한 족욕방법

- 발을 깨끗이 씻는다.

• 족욕기나 대야에 40~42℃ 정도 온도의 물을 넣는다.

• 복사뼈가 잠길 정도의 두 발을 담가 족욕을 한다.

• 족욕을 하는 시간은 15~20분 정도가 좋다.

2) 저온 족욕(38~40℃)

40℃ 전후의 미지근한 물은 부교감 신경을 자극해 정서적 안정감을 주고 근육을 이완하여 긴장 스트레스를 해소해준다고 한다. 정신적으로 스트레스가 쌓이거나 심신이 지쳤을 때 편안한 휴식이 필요할 때 38~40℃ 정도의 저온 족욕을 하면 몸에 부담을 주지 않으면서 아늑한 휴식을 즐길 수 있다고 한다.

물 온도가 높지 않기 때문에 노약자, 임산부, 당뇨병이나 심혈관질환을 앓고 있는 환자 등도 부담 없이 할 수 있으며, 혈압에 미치는 영향이 적어 고혈압 환자에게도 안전하다고 한다. (참고로, 물 온도가 40℃를 넘으면 혈압과 맥박이 올라가면서 피부, 근육, 혈관을 수축시켜 위험할 수 있다고 한다) 다만 족욕은 20분 정도가 적절하다고 한다.

3) 냉온족욕

발이 잘 붓는 사람이나 냉증 환자, 만성질환자에게는 냉온족욕이 권장되는데요, 냉온족욕은 42~45℃의 뜨거운 물과 15~18℃의 찬물에 번갈아 발을 담그는 것으로, 말초혈관이 수축 이완을 반복하면서 탄력성과 기능이 강해지고 혈액순환이 활발해지는 효과를 볼 수 있다고 하며, 또한 면역력이 높아지고 만성 통증이 완화되는 데도 도움이 된다고 한다.

냉온족욕을 효과적으로 하기 위해서는 뜨거운 물에 5~10분, 찬물에서 1분 정도로 번갈아 발을 담그도록 하고 횟수는 3~4회 정도, 아니면 온수

(40~42℃)에 1분간, 냉수(15~18℃)에 10초간 15회 내외를 오가는 것이 좋다고 한다. 그리고 마무리는 가급적 찬물에서 하는 게 좋다고 한다.

또 다른 냉수와 온수를 모두 이용한 족욕방법은 다음과 같다.

- 발을 깨끗이 씻는다.
- 2개의 족욕기 또는 대야를 준비한다.
- 1개의 대야에 40~42℃ 정도 온도의 물을 넣는다.
- 1개의 대야에 시원한 물을 넣는다.
- 복사뼈가 잠길 정도의 두발을 담가 족욕을 한다.
- 따뜻한 물에서 1분, 시원한 물에서 10초, 15회 내외를 오가며 반복한다.
- 족욕을 하는 시간은 15~20분 정도로 한다.

라. 취침전 족욕기법

취침전 족욕기법은 중의학적 기법을 활용한 측면이 있는 방법이기도 하다. 발은 신체의 중요한 "치료제"에 비유되며 발을 잘 관리하면 건강을 개선하고 향상하는데 기여할 것이다. 특히 잠들기 전에 뜨거운 물에 발을 담그면 많은 이점을 얻을 수 있다. 혈액순환을 돕고 스트레스와 불안을 줄일 뿐만 아니라 수면의 질을 향상시킨다.

1) 취침전 족욕방법

잠자리에 들기 전에 발을 담글 수 있도록 40-50℃의 뜨거운 물 한 그릇을 준비해야 한다. 깨끗한 물이나 허브 물을 끓일 수 있다. 그러나 자신의 건강 상태에 따라 올바른 허브를 선택하기 위해 허브 사용에 주의를 기울여야 한다.

족욕에 추가할 허브는 자극성이 강하고 부식성이 강한 물은 절대 사용하지 않는다. 족욕 도구는 황동, 나무 또는 도자기 냄비 또는 초음파 자극이 통합된 전기냄비를 사용할 수 있다.

족욕 자세는 의자에 편안하게 앉는 것이며, 가능한 한 가장 편안한 느낌을 주기 위해 부드러운 안락의자가 바람직하다.

매일 잠자리에 들기 전에 규칙적으로 해야 하며, 발을 담그는 가장 효과적인 시간은 10~15분이다. 전통적인 족욕 도구를 사용하는 경우 몸을 담그기 전에 수온을 테스트하여 그에 따라 조정해야 하며, 피부 화상을 유발할 뿐만 아니라 잠들기 전에 몸이 땀을 많이 흘리기 때문에 너무 뜨거운 물에 발을 담그지 않는다. 발을 담글 때는 발목에서 약 2cm 정도 올라오는 발목을 담가야 한다. 발목에는 3개의 양경락이 있기 때문에 발을 담글 때 따라야 하는 필수 규칙이다.

3개 음경락도 동시에 지압점이 많은 곳이기도 하여 약이 경혈, 경락, 비장, 신장, 방광, 경락, 경락, 기(氣)에 작용하기 위해서는 물이 발목에 넘쳐야 한다.

이 경락의 혈액은 거기에서 순환하여 몸 전체에 영향을 미친다. 뜨거운 물에 발을 담그면 쉽게 잠들 수 있기 때문에 많은 사람이 이 방법을 적용한다. 그러나 노인이나 어린이라면 물을 섞는 과정에서 어려움이 있고 발을 담그다가 사고가 나기 쉽기 때문에 도움을 줄 사람이 필요하다.

식후 30분 이내에는 절대로 발을 담그지 않는다. 이때 신체는 음식을 가장 효과적으로 흡수할 수 있도록 소화 시스템에 혈액을 집중해야 하기 때문이다. 이때 발을 담그면 발에 혈액이 흐르게 되어 신체의 흡수 능력에 영향을 미쳐 장기적으로 영양 결핍을 일으켜 영양실조를 유발할 수 있다. 족욕 온도는 40℃에서 50℃ 사이여야 하며 너무 뜨거운 물을 사용해서는 안 된다. 족욕 온도가 너무 높기 때문에 다리에 손상을 입히고 발의 혈관 크기를 늘려 신체의 순환 분포에 영향을 미치고 몸에 혈액이 집중되지 않기 때문에 나쁜 영향을 미친다. 발을 너무 오래 담그지 않는다. 발을 담그는 시간은 20~30분 정도이면 되며 너무 길어도 순환에 방해가 될 수 있다. 겨울철에는 족욕이 너무 길면 피부가 건조해지고 가려움증이 생긴다. 생리 중에는 몸이 피곤하고 출혈 때문에 족욕을 삼가한다. 생리통을 제한하고 완화하기 위해 자궁으로 가는 혈류를 우선시해야 한다. 발을 담근 후에는 바로 잠을 자면 안 되며, 발을 말리고 발이 체온과 평형을 이룰 때까지 기다려야 한다.

2) 취침전 족욕의 효과

발은 신체의 멋진 부분으로 간주된다. 발은 신체가 복잡한 활동을 보다 유연하게 수행할 수 있도록 도와주는 다양한 작은 뼈로 구성되어 있다. 발은 상체 전체와 조화를 이루며 상호 작용하여 서서 달리기, 점프 및 스포츠와 같은 복잡한 동작을 수행할 수 있다. 발에는 신체의 20개 이상의 경혈이 있으며, 각 경혈은 다양한 유연한 활동을 유지하고 건강에 영향을 미치는 역할을 한다. 발바닥의 경혈은 뇌와 연결되어 있기 때문에 족욕은 수면을 향상시킬 수 있다. 현재 한의학은 발 마사지를 적용하여 두통을 완화하고, 뼈와 관절 질환을 치료하고, 해독하고, 뜨거운 물은 발의 혈관을 확장하는 데 도움이 된다. 혈액순환을 잘 도와 치료용 족욕의 예상치 못한 효과를 향상시킨다.

뇌와 정신 향상 잠들기 전에 뜨거운 물에 발을 담그면 혈액순환이 증가하여 깊은 휴식과 편안함을 느낄 수 있다. 수면의 질이 향상되면 신체는 포만감을 느끼게 하는 호르몬을 생성하므로 하루를 에너지로 가득 채우고 집중력을 높일 수 있다. 숙면은 스트레스를 해소하고 생각과 감정의 균형을 잡고 통제하는 데 도움이 된다. 잠자리에 들기 전에 뜨거운 족욕을 하면 질병을 예방할 수 있다는 뜻밖의 효과가 있다. 발을 담그는 과정에서 최대한의 이완을 느끼고 몸이 균형 상태로 돌아와 안정적인 건강을 유지하기 때문이다. 뜨거운 물은 발 부위의 혈류를 증가시켜 치유가 필요한 신체 부위를 해독하는 데 도움이 된다. 또한 뜨거운 물에 발을 담그면 면역력을 강화하고 염증을 줄이며 항균에 도움이 된다.

만성 질환 치료 지압과 결합 된 규칙적인 온수 족욕은 당뇨병, 자궁 내막증, 근골격계 질환과 같은 여러 질병을 치료하는 방법이다.

마. 족욕시 유의사항

족욕을 하기 전 먼저 물을 한 잔 마셔주면 좋다. 족욕을 하면 온몸에 땀이 많이 나서 탈수현상이 나타날 수 있기 때문이다. 그리고 먼저 부드럽게 마사지를 해주거나 족욕을 하는 동안 발바닥끼리 비비거나 자극을 주는 것도 혈액순환에 효과적이다. 이외에도 음악을 듣거나 명상을 하는 것도 피로회복에 도움이 된다.

족욕을 하기 전에 몸을 따뜻하게 하는 생강차나 계피차, 인삼차 같은 한방차를 마시면 노폐물 배출에 도움이 된다.

또한 특히 올바른 족욕법 중 가장 중요한 것은 물의 높이이다. 안쪽 복사뼈에서 손가락 3~4개 정도의 위선에 삼음교(경혈점)라는 혈자리가 있는데, 삼음교 혈자리가 포함된 위쪽부터 무릎 아래쪽까지가 포함될 수 있도록 족욕을 하는 것이 좋다.

족욕물의 온도를 너무 높이 올릴 경우 화상, 열성, 홍반 등의 부작용이 있을 수 있다. 족욕시간도 너무 오래할 경우 피로를 유발할 수 있어 30분 이상 하지 않을 것을 권장한다. 빈혈이 있는 경우 어지럼증을 일으킬 수 있으니 횟수와 시간을 줄여서 하도록 한다.

마지막으로 족욕 후 원활한 혈액순환을 위해서는 5분 정도 수건으로 발을 감싸주는 것이 좋다. 이러한 방법으로 족욕을 하게 된다면 건강에 큰 도움이 된다고 하니 실천해 보시길 추천한다.

단, 식전이나 음주 후, 식후 30분간은 탈진 위험이 있기 때문에 족욕을 삼가도록 하는 것이 좋다고 하고요, 발에 상처가 있는 사람의 경우 감염 위험이 있어 주의해야 한다.

그리고 심장 질환이나 혈관 계통 질환이 있는 사람, 노약자, 당뇨병 환자 등은 고온 족욕과 냉온족욕을 피하는 것이 좋다.

5. 족욕의 치유효과

궁극적인 휴식은 족욕의 가장 명백한 건강상의 이점 중 하나일 수 있지만, 연구에 따르면 하루에 15분에서 20분 동안 뜨거운 물에 발을 담그면 기분, 에너지 수준, 수면 습관 및 발과 그 너머에 영향을 미치는 모든 통증에 놀라운 효과를 줄 수 있다.

반사 요법에서 알 수 있듯이 몸 전체는 발로 표현되고 발과 연결되어 있으므로 신체의 해당 부분을 돌보고 양육하면 모든 팔다리와 장기에 건강과 웰빙을 가져올 수 있다. 다음은 편안한 온수 욕조에 발을 담글 때 얻을 수 있는 몇 가지 건강상의 이점이다.

뜨거운 물은 발의 혈관을 확장하는 데 도움이 된다. 혈액순환을 잘 도와 치료 발 목욕의 예상치 못한 효과를 향상시킨다.

잠자리에 들기 전 족욕은 두뇌와 정신력 향상 잠들기 전에 뜨거운 물에 발을 담그면 혈액순환이 증가하여 깊은 이완과 편안함을 느낄 수 있다. 수면의 질이 좋아지면 몸은 포만감을 느끼게 하는 호르몬을 생성하므로 에너지를 가득 채우고 집중력을 높일 수 있다. 숙면은 스트레스 해소와 생각과 감정의 균형을 유지하고 조절하는 데 도움이 된다.

잠자리에 들기 전에 뜨거운 족욕의 효과는 질병을 예방할 수 있다는 것이다. 발을 담그는 과정에서 최대한의 이완을 느끼고 몸이 균형 상태로 돌아가 안정된 건강을 유지하기 때문이다. 뜨거운 물은 발 부위로의 혈류를 증가시켜 치유가 필요한 신체 부위를 해독하는 데 도움이 된다. 또한 뜨거운 물에 발을 담그면 면역력 강화, 염증 감소 및 항균에 도움이 된다.

- 체온상승

  족욕은 전반적인 체온을 높여 근육과 정신적 긴장을 완화하고 스트레스를 완화하며 백혈구 활동을 증가시킬 수 있다. 이 모든 것이 면역 체계를 강화하여 질병을 예방하고 전반적인 건강과 웰빙을 증진한다.

- 통증, 질병 치료

  뜨거운 물 족욕은 발 외에 신체의 다른 부위의 통증을 완화시키는 힘이 있다. 마사지 기능은 뭉친 근육을 풀고 통증과 불편함을 완화하는 데 도움이 될 수 있다. 족욕은 두통, 치통, 골반 통증 및 골반 염증성 질환, 간 문제, 경련, 전립선 문제, 치질, 관절 및 류마티스 통증, 과도한 발한, 흉부 울혈 및 감기 및 독감 증상과 같은 기침, 메스꺼움 및 오한 같은 독감 증상을 포함한다.

- 혈액순환 증가

뜨거운 물에 발을 담그고 씻으면 염증이 줄어들고 혈액순환이 촉진되어 발과 다리의 확장된 혈관에 울혈된 혈액이 공급된다. 이것은 혈전을 예방하는 데 도움이 된다.

- 피로 회복

족욕이 동시에 진정되고 활력을 줄 수 있다는 것은 직관에 어긋나는 것처럼 들릴지 모르지만 동시에 몸을 진정시키고 깨우는 마법이 있다. 엡솜염을 추가하게 되면 피부에 쉽게 흡수되어 신체에 여러 가지 역할을 하는 마그네슘 이온 수치를 보충하게 된다. 여기에는 세로토닌(뇌의 기분을 고양시키는 화학 물질) 증가, 에너지 및 체력 증가, 과민성 및 아드레날린 감소, 혈압 강하, 집중력 증가 및 수면 습관 개선이 포함된다.

또한 앱솜염은 발 냄새와 발 곰팡이를 제거하고 내향성 발톱을 치료하는 데 도움이 된다.

- 독소를 제거

일부 연구에 따르면 전문가들은 벤토나이트 점토와 특정 염분 및 미네랄을 함유한 족욕이 몸에서 염분과 유해한 독소를 끌어내는 역삼투압이라는 과정을 통해 몸을 해독하는 힘이 있다고 믿는다. 양이온과 음이온으로 충전된 물을 사용하는 이온 족욕도 해독 효과가 있다고 한다.

- 우울증과 불안 감소

족욕은 긴장, 분노, 혼란, 적대감 및 불안을 감소 또는 완전히 제거할 수 있으므로 우울증에 도움이 되는 것으로 생각되어 왔다.

- 스트레스 해소

족욕은 자연스럽게 진정되며, 한 발만 담그는 것만으로도 몸과 마음을 편안한 행복의 상태로 진정시키는 힘이 있다. 이것은 인지 기능을 향상시키고, 창의성과 작업 습관을 향상시키고, 더 나은 수면으로 이어지고, 전반적인 기분을 개선한다.

족욕에 아로마테라피나 에센셜 오일을 추가하면 이러한 건강상의 이점이 증가하여 궁극적인 평온함과 스트레스가 많은 하루를 보낸 후 완전히 만족스러운 긴장을 풀 수 있다. 스트레스 수준을 줄이고 기분을 개선하는 것부터 신체의 다른 부위의 통증을 완화하는 것까지 다양한 치유를 할 수 있다.

발은 뇌와 소통하는 신경 종말로 가득 차 있다. 반사 요법은 각 발에 신체의 지도가 포함되어 있으며 발 마사지는 신체의 다른 곳에서 통증을 완화하기 위해 오랫동안 사용되어 왔다. 족욕은 이러한 감각기관을 자극하여 치유효과를 기대할 수 있다.

◉ 면역력 강화

족욕은 독소를 제거하기 때문에 면역력도 높여 준다. 이오니아 족욕은 감염과 싸우는 백혈구를 몸 전체로 운반하는 림프계의 해독을 돕는다. 건강한 신체를 위해서는 건전하게 작동하는 림프계가 필요하다.

◉ 족저근막염 증상 완화

족저근막염은 발뒤꿈치와 발바닥에 통증을 유발하는 흔한 질환이다. 풋 스파는 족저근막염의 증상을 완화하는 데 도움이 될 수 있으며, 해당 부위에 부드러운 마사지를 제공한다.

◉ 피부 건강 개선

족욕의 따뜻한 물은 혈류를 증가시키고 콜라겐 생성을 촉진하여 피부 건강을 개선하는 데 도움이 될 수 있다. 이것은 주름과 잔주름의 출현을 줄이는 데 도움이 될 수 있다.

◉ 염증 완화

일부 옹호자들은 엡솜 소금 족욕이 몸에서 독소를 제거한다고 주장하지만 이를 확인할 수 있는 강력한 증거는 없다. 그러나 피부를 통한 마그네슘의 흡수는 체내 미네랄 수치를 높이고 염증을 감소시킬 수 있다. 염증을 줄이면 관절염 및 통풍과 같은 상태와 관련된 통증과 뻣뻣함을 완화할 수 있다.

◉ 발톱의 황변 제거

신선한 레몬주스를 물에 넣으면 발톱이 노랗게 변하는 박테리아를 분해하는 데 도움이 된다.

6. 농특산물을 활용한 족욕치유

족욕은 우리 농촌이나 농가에서 농장마다 특색있게 창조적으로 개발할 수 있는 장점이 있다. 농장에서 생산되는 농특산물을 활용하여 습식족욕을 할 수 있다.

가. 생강족욕

건강을 개선할 수 있는 자연스럽고 편안한 방법을 찾고 있다면 생강 족욕을 시도해 볼 수 있다. 생강은 수 세기 동안 통증, 염증 및 혈액순환 장애를 포함한 다양한 질병에 대한 자연 치료제로 사용되어 왔다. 생강 족욕은 생강의 효능을 누리면서 발을 진정시키고 원기를 회복시키는 간단하고 효과적인 방법이다. 생강 족욕의 이점, 준비 방법 및 이 멋진 자연 요법을 최대한 활용하기 위한 몇 가지 방법은 다음과 같다.

1) 생강 족욕을 준비하는 방법

생강 족욕을 준비하는 것은 쉽고 몇 가지 재료만 있으면 됩니다. 필요한 사항은 다음과 같다.

- 신선한 생강 뿌리 1~2인치
- 따뜻한 물 2-3컵
- 강판, 칼
- 족욕통
- 수건
- 의자

2) 생강 족욕방법

- 신선한 생강뿌리를 껍질을 벗기고 강판에 갈거나 작은 조각으로 만든다.
- 생강을 면주머니에 넣고 입구를 단단히 묶어준다
- 면주머니를 넣은 후 40℃ 정도의 물에 우려 내준다.
- 2리터의 물에 500g 정도의 생강을 10~15분간 우려낸다.
- 족욕기에 생강 물을 발목이 잠길 정도로 부은 후 발을 담근다.
- 온도는 40℃ 전후이며 개인별로 물의 온도를 맞춘다.
- 수온이 뜨겁게 유지되도록 주기적으로 보온병에 생강 물을 준비해서 더 추가한다.
- 20~30분 정도 발을 담근 후 발을 닦는다.

3) 생강족욕 효과

- 통증 완화 : 생강은 통증과 부기를 줄이는 데 도움이 되는 천연 항염 특성을 가지고 있다. 발이 아프거나 관절염과 같은 질환이 있는 경우 생강 족욕을 하면 통증을 완화하고 이동성을 개선하는 데 도움이 될 수 있다.
- 혈액순환 개선 : 생강은 발로 가는 혈류를 증가시켜 혈액순환을 개선하는 데 도움이 될 수 있다. 이것은 치유와 회복을 촉진하면서 부기와 염증을 줄이는 데 도움이 될 수 있다.
- 해독 : 생강은 몸에서 독소를 배출하는 데 도움이 되어 전반적인 건강과 웰빙을 향상시킬 수 있다. 생강 족욕에 발을 담그면 몸에서 독

소와 기타 불순물을 제거하여 상쾌하고 활력을 되찾을 수 있다.

- 염증 감소 : 염증은 통증과 불편함을 유발할 수 있는 일반적인 문제이다. 생강은 염증을 줄이고 치유를 촉진하는 데 도움이 되는 천연 항염 특성을 가지고 있다. 생강 족욕에 발을 담그면 염증을 줄이고 건강한 피부를 촉진하는 데 도움이 될 수 있다.
- 이완 및 스트레스 해소 : 생강은 이완을 촉진하고 스트레스를 줄이는 데 도움이 되는 천연 진정 특성을 가지고 있다. 생강 족욕에 발을 담그면 몸과 마음을 진정시키고 휴식과 웰빙을 촉진할 수 있다.

나. 사과 식초 족욕법

사과식초 족욕은 물과 사과 사이다 식초를 섞고 용액에 발을 담그는 간단하고 자연적인 치료법이다.

1) 사과식초족욕 원리

사과식초는 사과 사이다가 효모 및 기타 유용한 박테리아로 발효될 때 만들어진다. 발효 과정은 식초에 항균 및 항진균 특성으로 알려진 '아세트산'과 '말산'이라는 화합물을 생성한다.

사과식초의 항균 및 항염 특성과 함께 산성 특성은 특정 곰팡이나 박테리아의 성장을 억제할 수 있는 환경을 조성하는 데 도움이 된다. 또한 식초의 순한 각질 제거 특성은 죽은 피부 세포를 제거하여 발을 더 부드럽고 건강하게 만드는 데 도움이 될 수 있다

2) 재료준비

- 1/4 컵 사과식초
- 선택한 오일 1작은술(올리브 또는 코코넛)
- 따뜻한 물
- 족욕통
- 수건

3) 족욕방법

- 두 발이 편안하게 들어갈 수 있는 족욕기, 따뜻한 물, 사과식초(여과되지 않은 생 식초가 더 바람직함), 부드러운 수건 등을 준비한다.
- 물과 사과식초를 2:1 비율로 섞어서 사용한다.
- 발을 담그면서 앉을 수 있는 편안한 의자를 놓는다.
- 보다 치유 효과를 위해서 주변이 깨끗하고, 조용하며, 경관이 좋고 편한 곳을 택한다.
- 모든 것이 준비되면 따뜻한 물을 족욕통에 붓고 사과식초를 붓는다.
- 엡솜염, 에센셜 오일을 추가를 원하면 이때 추가한다.
- 물의 깊이는 발목 위까지 잠기도록 하며, 족욕 시간은 20분이다.
- 족욕을 마치고 부석을 사용하여 각질을 제거한다.
- 그 후 좋아하는 천연 모이스처라이저를 가볍게 코팅하여 마무리하고 밤에 잠자리에 들기 전에 더 많은 모이스처라이저를 바른다. 일주일에 2~3번 발 담그기를 반복한다.

4) 치유효과

사과식초에 발을 담그면 냄새나는 발, 갈라진 발뒤꿈치, 건조한 피부, 일광화상, 사마귀 및 발톱 곰팡이를 치료할 수 있다.

- 굳은살 효과적 관리

  얼굴(및 신체의 나머지 부분)의 각질 제거하는 것과 같은 방식으로 정기적으로 발 각질을 제거한다. 발의 피부가 건조하고 갈라질 수 있으므로 각질 제거가 되었는지 확인하는 것이 매우 중요하다.

- 발 냄새 감소

  사과식초는 항균성이며 발 냄새를 유발하는 박테리아를 죽임으로써 피부의 pH 수준의 균형을 맞출 수 있다. 발 냄새는 발의 수분(땀)이 박테리아와 상호 작용할 때 발생하며, 박테리아는 따뜻하고 습한 환경에서 번성하기 때문에 양말 내부는 일종의 박테리아가 증식처가 될 수 있다. 사과식초를 사용하여 일부 박테리아를 제거하면 발 냄새를 미묘하게 줄일 수 있다.

- 곰팡이 제거

  사과식초를 사용하여 두피의 비듬(효모와 곰팡이의 과증식으로 인해 발생)을 제거할 수 있다고 하는데, 발에 사용하는 경우에도 동일한 원리가 적용될 수 있다. 사과식초가 피부와 손톱 감염을 치료하는 데 도움이 되는 항진균 특성이 있다.

  사과식초는 항염 및 항균 특성을 모두 가지고 있으며 피부의 박테리아와 곰팡이를 모두 효과적으로 죽이는 것으로 보고하고 있다. 사과식초가 효모를 죽인다는 것도 입증되었다. 따라서 사과식초족욕은 가정에서 할 수 있는 치유법 중의 하나라고 할 수 있다.

◎ 주의할 점

사과식초는 본질적으로 강한 산성이어서 장기간 피부에 직접 바르면 화상을 입을 수 있음을 기억해야 한다. 따라서 항상 물로 희석하고 15~20분과 같이 더 짧은 기간 동안 사용해야 한다. 민감한 피부와 열린 상처에는 족욕을 하지 않는다.

다. 허브 족욕

족욕은 소화, 통증, 면역 체계, 호르몬, 혈액순환 및 간 및 기타 대사 기능에 영향을 미치는 것으로 연구 결과에 따른 성분을 함유하고 있다.

1) 족욕용 허브

- 페퍼민트 잎 장미 꽃잎
- 레몬 밤 카모마일꽃
- 홀리 바질 로즈메리
- 귀리 탑 레드 클로버 블라썸

2) 족욕방법

- 뜨거운 물에 몸을 담그면 몸 전체의 혈액과 에너지가 활성화된다. 허브 족욕에서 피부는 피부를 통해 허브를 흡수하고 허브는 에너지 채널을 통해 목표 지점으로 이동한다. 땀이 날 때까지 몸을 담그면 감기, 독감, 생리통 증상을 완화하는 데 도움이 될 수 있다.

- 이상적으로는 하루에 한 번 깊은 대야/양동이에 발을 담그며 종아리도 담글 수 있다. 뜨거운 물(섭씨 약 40℃)로 시작하여 물이 식으면 뜨거운 물을 추가하여 온도를 유지할 수 있다.
- 땀을 흘리기 시작하면 그만 한다. 약간의 땀을 흘리는 것은 막히지 않은 에너지 채널의 좋은 신호이지만 너무 많은 땀을 흘리는 것은 너무 많은 에너지를 소비하기 때문에 이상적이지 않다. 건강한 사람은 보통 몸을 담근 후 약 20분 후에 땀을 흘리기 시작한다. 40분 동안 땀을 흘리지 않으면 더 이상 몸을 담그지 않는다. 다음 날 다시 시도하도록 한다.
- 잠자리에 들기 전에 발을 담그는 것이 가장 좋다. 이렇게 하면 몸을 따뜻하게 유지하고 숙면을 취하는 데 도움이 된다. 식사 한 시간 전이나 식사 한 시간 후에 몸을 담그지 않는다. 술을 마신 후나 피곤할 때는 몸을 담그지 않는다.
- 발을 담글 때 어지러움을 느낀다면 찬물을 조금 넣어 혈관을 수축시킨다. 어지럼증을 완화하는 데 도움이 된다.
- 허브를 추가하면 에너지 통로를 차단하고 문제를 완화하는 데 도움이 될 수 있다. 먼저 허브를 물에 끓인 다음 혼합물을 발 대야에 넣는다. 허브가 없으면 따뜻한 물만 있으면 된다. 긴장을 풀기 위해 에센셜 오일을 첨가할 수도 있다.

(1) 피부 영양 강화 허브족욕 방법

효능 : 혈액에 영양을 공급하고 피부에 도움이 되며 피부의 색소 침

착을 완화한다.

재료 : 당구이(当归)(40g), 말린 용안(桂圆)(25g)

사용법 : 재료를 물에 40분 동안 끓인다. 여과된 혼합물을 대야에 붓는다. 뜨거운 물을 넣는다. 15~20분 동안 또는 약간의 땀이 날 때까지 발을 담근다.

(2) 에너지 강화 허브족욕 방법

기채널의 차단을 해제하고, 음에너지를 없애고, 양에너지를 강화하는 데 도움이 된다. 손과 발이 차가운 사람들에게 특히 좋다.

재료 : 생강슬라이스(姜)(50g), 백막주(白酒)(50mL)

사용법 : 생강을 물에 몇 분 동안 끓인다. 생강 혼합물과 막걸리를 대야의 뜨거운 물에 넣는다. 15~30분 동안 또는 약간의 땀이 날 때까지 담근다.

(3) 보습 강화 허브족욕 방법

피부에 수분을 공급하고 건조로 인한 피부/발뒤꿈치 균열을 치유한다. 주요성분 및 함량 : 계피(桂枝) 15g, 인동덩굴꽃(银花) 15g, 홍화(红花) 20g

사용법 : 재료를 물에 30분 동안 끓인다. 여과된 혼합물을 대야에 붓는다. 뜨거운 물을 넣는다. 15~20분 동안 발을 담근다.

(4) 진정작용 강화 허브족욕

준비재료 : 금잔화 꽃 1컵, 라반딘꽃 1컵, 컴프리 잎 2컵 엡솜 소금

족욕방법 : 큰 그릇에 허브를 함께 넣고 완전히 섞일 때까지 저어준다.

- 백에 허브를 채우고 입구를 끈으로 묶는다.
- 족욕 대야에 봉지를 넣고 뜨거운 물, 약 1갤런(약3.78리터)을 부어 차를 만든다.
- 엡솜 소금 몇 큰술을 추가한다.
- 물이 적당한 온도가 되면 대야에 발을 넣고 편안히 앉아서 즐긴다.
- 족욕 후는 발 각질을 제거하고 수분을 공급한다.

라. 기타 농산물 족욕기법

추가로 농특산물을 활용한 기능적 치유효과를 얻을 수 있도록 가정식(실내, 목욕탕) 족욕방법에 대해서 정리하였다.

매일 목욕하는 이점을 믿지 않는 사람들이 있다. 그리고 어떤 사람들은 이것이 계급적이거나 문화적이라고 주장한다. 이러한 습관 중 일부는 식민지 이전 영국으로 거슬러 올라간다.

그러나 군중이 몸을 욕조에 담그기를 꺼려할 때에도, 얼굴과 발과 손을 조심스럽게 씻었다. 그리고 오늘날에도 우리는 종종 집에 들어가기 전에 발을 헹군다. 피곤한 발가락을 달래줄 DIY 족욕에 대한 몇 가지 아이디어를 정리했다.

가장 효과적인 족욕은 발 스크럽이나 풋 파우더를 사용하는 것이다. 상쾌한 마사지를 위해 젖은 발에 문지르면 된다. 그런 다음 제품을 따뜻한 물과 섞고 5-15분 동안 발을 담근다. 이것은 갈라지거나 아픈 발에 특히 유용하다.

1) 쌀 + 베이킹 소다족욕

가끔은 밥에 버무려서 뭐든 고칠 수 있다. (생)쌀은 수분 흡수가 잘되기 때문이다.

- 재료 : 뜨거운 물, 베이킹소다 3큰술, 베르가못 에센셜 오일 10방울, 쌀 1/2컵.
- 방법 : 쌀뜨물 2~3컵이 남을 정도로 물에 밥을 삶는다. 베이킹 소다와 베르가못 에센셜 오일을 물에 넣는다. 물이 충분히 식으면 발을 20분 동안 담갔다가 두드려 말린다. 이 소다에 담긴 베이킹 소다는 발 냄새가 나는 사람들에게 이상적이며, 쌀뜨물은 발의 혈액순환을 촉진하여 몸 전체에 좋다.

2) 라벤다 오일 족욕

라벤더 오일로 족욕을 하면서 냄새를 맡게 하면 우리 몸에 이완 효과가 있다.

라벤더 오일은 혈압, 심박수, 피부온도를 현저히 감소시켜 자율 신경 각성의 감소를 나타내는 것으로 나타났다. 기분 반응 측면에서 라벤더 오일 그룹의 피험자는 기유를 흡입하는 피험자보다 더 활동적이고 상쾌하고 편안한 것으로 분류되었다.

기유와 비교했을 때, 라벤더 오일은 세타(4~8Hz)와 알파(8-13Hz)의 뇌 활동을 증가시켰다. 지형도는 알파 범위 파동, 특히 양측 시간 및 중앙 지역에서 분명히 더 많은 산란력을 보여주었다.

3) 페퍼민트 족욕

DIY 족욕에 에센셜 오일을 추가할 수 있지만 일부 오일은 추가적으로 이점을 제공한다. 사이프러스 오일은 냄새를 제거하는 데 효과적이며 윈터그린은 통증을 완화하고 붓기를 줄여 준다.

라벤더는 긴장을 풀어주고, 로즈마리는 엡솜과 잘 어울려 통증을 완화한다.

그러나 발에 가장 적합한 것이 무엇인지 확신이 서지 않는다면 페퍼민트 티백을 활용한다.

4) 코코넛 족욕

코코넛 오일의 사용은 오래도록 지속되어 왔다. 다소 시들해졌지만, 여전히 DIY 족욕의 일부로 코코넛을 사용할 수 있다.

물을 약간 붓거나 발을 말린 후 발에 오일을 마사지한다. 족욕물에 넣을 수 있는 것에는 허브 찻잎과 오렌지 껍질이 있다.

5) 카모마일 족욕

DIY 족욕을 준비하는 가장 쉬운 방법은 좋아하는 녹차를 우려낸 티백 봉지 몇 개를 물에 넣는 것이다. 에센셜 오일 몇 방울로 효과를 높일 수 있다. 이상적으로는 티백과 같은 맛이다. 이 레시피는 카모마일 족욕을 위한 것이므로 티백이나 말린 카모마일꽃을 사용할 수 있다. 족욕에는 엡솜 소금, 라벤더, 생강도 들어 있다.

6) 민트 + 알로에 족욕

DIY 족욕에 캐리어 오일을 첨가하면 더 부드럽고 달콤한 냄새가 나는 발을 만들 수 있다. 오일은 발에 수분을 공급하고 수분을 공급하여 갈라진 틈을 치유하고 새로운 균열이 생기는 것을 방지한다. 사해 소금, 통증과 부기를 진정시키는 알로에 베라 젤, 페퍼민트 에센셜 오일 등을 사용한다. 민트 잎 몇 장을 물에 띄워 따끔따끔 함을 더한다.

7) 감귤류 족욕

민트과에 속하는 허브와 감귤류에 속하는 과일은 모두 톡 쏘는 맛으로 높이 평가된다. 따뜻한 물과 진정 효과가 있는 소금에 더하면 힘든 하루를 완벽하게 마무리할 수 있다. 하지만 그렇게 하기 위해 값비싼 발 스파 세면대가 필요한 것은 아니다. 이 DIY 족욕 레시피로 충분하다. 오렌지 에센셜 오일, 오렌지 티백, 베이킹 소다, 엡솜 소금을 결합한다.

8) 오트밀 족욕

귀리가 죽에 사용되는 이유는 미용 제품에 사용되는 것과 같은 이유이다. 오트밀을 담그면 피부에 수분을 공급하고 수분을 가두는 진정 젤이 반출된다. 순한 각질 제거 성분은 가려운 발을 진정시키고 발에서 뭉치고 벗겨진 부분을 씻어내는 데에도 좋다. 이 DIY 족욕탕에는 엡솜 소금과 라벤더 새싹이 들어간 귀리 봉지를 통째로 넣어 만든다.

9) 우유 + 꿀 족욕

베이킹 소다, 오렌지 주스, 바닐라 추출물, 계피 가루와 같은 몇 가지 성분과 일반적인 꿀과 전유를 추가한다. 계피는 혈액순환을 촉진하고 우유는 부드럽고 수분을 공급하며 진정시킨다.

10) 커피 족욕

차를 곁들인 DIY 족욕은 냄새를 흡수하고 우울한 기분을 고양시키는 데 좋다. 그러나 차는 긴장을 풀어주는 반면, 커피는 각성제이다. 또한 각질 제거제이기 때문에 각질을 제거하는 데 좋다. 양조된 액상 커피(프렌치 프레스, 드립 등)를 사용하되 분쇄 커피나 인스턴트커피는 사용하지 않는다. 즉석커피는 족욕으로 쓸모가 없다 - 입자가 너무 미세하여 각질을 제거할 수 없다.

11) 꿀 + 레몬 족욕

꿀이 함유된 DIY 족욕은 끈적거릴 수 있다. 따라서 족욕 후에 발을 헹구어야 한다. 혼합물을 덜 까다롭게 만들려면 족욕에 레몬 조각을 추가하고 족욕 후 발을 '닦는' 데 사용할 수 있다. 또한 사과식초, 꿀맛 에센셜 오일, 레몬 또는 라임 에센셜 오일을 첨가하여 레이어드 효과와 아로마테라피 효과를 얻을 수 있다.

12) 코코넛 밀크 + 꿀 + 시나몬 족욕

피부를 부드럽게 하고 붓기를 가라앉히며 벌어진 상처를 치유하는 꿀이 함유되어 있다. 계피는 하루 종일 뛰어다니느라 발이 아프고 감각이 없을 때 혈액 순환을 촉진한다. 그리고 코코넛 밀크는 진정, 보습 및 정화 효과가 있다. 추가 청소를 위해 코코넛 오일을 사용할 수 있다.

13) 리스테린 + 식초 DIY 족욕

리스테린은 오늘날에는 구취에 사용하지만, 이전에는 비듬, 임질, 외과 소독, 심지어 바닥 청소에도 처방되었다. 그리고 사과식초를 혼합하면 발의 갈라진 틈을 진정시키고, 각질을 벗겨내고, 발을 부드럽게 하고, 발의 염증을 완화할 수 있다.

14) 천일염 소금 족욕

바다 소금은 종종 식탁용 소금보다 더 미세하지만, DIY 미용 제품에는 더 거친 소금을 활용할 수 있다. 소금에는 바다 생물과 산호에서 추출한 추가 성분이 함유되어 있으며 효과적인 각질 제거제이다. 바다 소금이나 히말라야 소금을 엡솜 소금, 베이킹 소다, 사과 사이다 식초와 함께 사용한다. 점토 족욕과 생강 산화물 목욕으로 번갈아 가며 할 수 있다.

15) 엡솜 소금 족욕

DIY 족욕은 안전하고 저렴한 선택이다. 소금은 연마성이 있고 부드러우며 살균 효과가 있기 때문에 천연 각질 제거제이다. 그리고 식탁용 소금 대신 엡솜 소금을 선택하면 황산 마그네슘의 추가 이점을 얻을 수 있다. 근육통을 완화하고 통증을 완화하며 부은 발을 진정시킨다.

16) 베이킹 소다 족욕

뚜껑을 덮지 않은 베이킹 소다를 냉장고나 식료품 저장실에 넣으면 나쁜 냄새를 제거하는 데 도움이 된다. 베이킹 소다와 같은 순한 각질 제거제로서 표면 세포를 벗겨내고 그 아래의 부드러운 피부를 노출시키게 된다. 2-3 큰술 + 에센셜 오일을 사용한다. 다른 결합 성분으로는 전유와 식물성 기름이 있다.

- 족욕방법
  - 대야에 발을 덮을 수 있을 만큼 따뜻한 물을 채운다.
  - 물에 베이킹 소다 3큰술을 넣고 손으로 저어준다.
  - 로즈마리, 라벤더 또는 티트리와 같은 에센셜 오일 몇 방울과 식물성 기름 또는 전유 1작은술을 추가하여 오일을 물에 섞는 데 도움이 됩니다. 손을 사용하여 재료를 결합한다.
  - 발을 물에 담그고 20-30분 동안 담근다.

- 발을 물에서 꺼내 수건으로 두드려 말린다. 원하는 경우 각질 제거 스펀지나 브러시로 발 각질을 제거한다. 자신에게 가장 적합한 오일을 선택한다. 예를 들어, 윈터그린 오일은 붓기와 통증을 완화하는 데 도움이 되고, 사이프러스 오일은 발 냄새를 조절하고, 라벤더 오일은 긴장을 푸는 데 도움이 되며, 로즈마리 오일은 근육을 진정시키는 데 도움이 된다. 시도해 볼 다른 것들은 티트리, 레몬, 오렌지 및 유칼립투스 오일이다. 엡솜 소금, 사해 소금, 베이비 오일을 족욕에 담그면 건조한 피부를 진정시킬 수 있다. 몸을 담근 후에는 발을 완전히 말린다. 발바닥이 기름으로 인해 미끄러울 수 있다

마. 농특산물 족욕의 일반적 방법

다양한 농특산물을 활용한 족욕을 할 수 있다. 건강기능성 성분이 함유한 농특산물이면 모두 족욕재료로 활용할 수 있다.

족욕방법에 따라 다양하게 활용할 수 있다. 농가에서 생산된 농특산물을 활용하려면 습식족욕방법을 선택하면 좋다.

농특산물을 건강기능성 성분을 제조하는 방법은 다음과 같으며 적합한 방법을 선택하여 활용하면 된다.

- 방법1(농특산물+물, 끓임) : 농특산물과 물을 함께 넣고 물을 끓인 후 끓인 물을 사용한다. 족욕물의 온도를 조절하려면 미리 끓인 물을 식혀 두었다가 방금 끓여 낸 따뜻한 물에 첨가하면서 개인별로 적합한 온도를 선택한다.

- 방법2(물 끓인 후 농특산물첨가 우려냄) : 미리 물을 끓인 후 농특산물을 넣어서 우려내고, 우린 물을 활용한다.
- 방법3(농특산물 원료 생체 이용) : 물을 끓인 후, 족욕에 적합한 온도가 되면 족욕통에 물을 부어서 준비하고, 사용할 농특산물의 생체 그대로 첨가하여 족욕을 한다.
- 방법4(농특산물 에센스오일 제조 활용) : 농특산물을 활용하여 에센스 오일을 추출하고 추출된 오일을 보관해 두고 필요시 적당량을 족욕물에 혼합하여 활용한다. 대체로 족욕통에 따뜻한 물을 붓고, 적당량 에센스 오일을 첨가하여 사용한다.

7. 주요 치유목적별 족욕기법

1) 각질 제거 치유

발은 하루 종일 체중을 지탱해야 하는 압력으로 인해 신체적 타박상과 굳은살이 생길 수 있다. 그리고 양말과 신발 안에 숨겨져 있어도 죽은 세포의 잿빛 막이 쌓일 수 있다. 좋은 각질 제거 DIY 족욕은 발을 부드럽고 매끄럽게 만드는 데 도움이 될 수 있다. 소금, 코코넛 오일, 카스티야 비누, 페퍼민트 에센셜 오일을 따뜻한 물에 녹여 족욕을 한다. 막걸리족욕은 단백질과 비타민, 효모가 풍부해 각질 제거와 피부 재생에 효과적이다. 막걸리를 따뜻하게 데워 족욕하거나, 열이 많은 경우 차가운 상태로 족욕을 하면 되는데 알코올 성분 덕에 발의 피로가 시원하게 풀리는 기분이 들고, 족욕 후 발꿈치가 한결 보들보들해지는 것이 느껴진다.

2) 감기치유

레몬, 유자, 생강은 비타민이 풍부해 만성피로 해소에 효과적이다. 몸을 따뜻하게 하는 유자와 생강 역시 혈액순환을 촉진해 발열과 감기 증상을 완화한다. 사용 방법은 레몬 1~2개를 얇게 썰어 뜨거운 물에 우려낸 뒤 족욕 물에 섞거나, 유자 1개나 생강 2~3개를 얇게 썬 뒤 면주머니에 넣고 족욕 물에 띄우는 것이다. 족욕을 하는 동안 마치 레몬차나 유자차, 생강차를 마시는 듯해 심신이 안정되고, 족욕후 몸이 한층 후끈후끈해진 느낌이 든다.

3) 부은 발의 노폐물 배출 치유

청주, 맥주의 알코올 성분은 노폐물 제거와 혈액순환에 효과적이다. 단백질과 비타민이 함유된 맥주의 효모 성분은 노폐물을 제거하고 피부에 영양을 공급한다. 따뜻한 물에 맥주나 청주를 1~2컵 섞어 족욕을 하면 되는데, 맥주로 족욕을 하면 보리 향에 기분이 좋아지고, 하얗게 들떴던 각질이 차분하게 정돈된다. 청주로 족욕 한 후에는 발의 부기가 완화되고 종아리 위까지 시원한 기분이 든다.

4) 발냄새 방지 치유

발은 하루 종일 신발과 양말에 갇혀 있어서 쉽게 냄새가 나기 시작할 수 있다. 정기적으로 샤워를 해도 발의 땀샘은 불쾌한 냄새와 곰팡이 감염을 유발할 수 있다. 발에 베이비 파우더를 뿌리고 두껍고 부드러운 양말을 신어 원치 않는 냄새를 줄인다. 진한 홍차와 함께 DIY 족욕을 시도해 볼 수도 있다. 30분 동안 담그기 전에 끓여서 식힌다.

5) 무좀치유

무좀을 치유하려면 녹차 족욕을 하면 좋다. 마시고 남은 녹차 티백을 5개 모아 물에 띄우고 하는 녹차 족욕은 면역력을 높이고 무좀과 냄새를 없애는 데 효과적이다. 부츠를 자주 신는 겨울철에 하게 되면 꿉꿉한 냄새를 완화할 수 있다.

6) 불면증과 두통 치유

불면증과 두통에는 아로마 오일 족욕이 좋다. 아로마 오일을 이용해 족욕을 하면 심신이 안정되고 불면증과 두통이 해소되는 효과가 있다. 두통이 심할 때는 페퍼민트와 바질 오일이, 잠이 안 올 때는 라벤더와 제라늄, 오렌지 오일이 효과적이다. 따뜻한 물에 라벤더 오일을 3~4방울 떨어뜨려 족욕 하면 쌓인 피로가 완화되고 온종일 긴장했던 몸이 노곤해져 한층 쉽게 잠자리에 들 수 있다.

7) 근육통과 요통 치유

귤껍질 족욕은 어깨결림과 근육통을 완화하는 효과가 있다. 귤껍질을 면주머니에 넣고 뜨거운 물에 우려낸 다음, 우려낸 물을 잘 섞어 약 20분간 족욕 한다. 겨울철 먹다 남은 귤껍질을 활용하면 꽤 간편하고, 꾸준히 사용해보니 확실히 뭉친 근육이 부드럽게 이완되는 기분이 든다.

8) 피부재생 치유

폴리페놀의 함량이 높은 레드 와인은 항산화 효과가 뛰어나 피부 재생에 효과적이며, 각질 제거 효과도 있다. 따뜻한 물에 먹다 남은 와인을 반병 정도 섞어 족욕 하면 은은한 와인 향에 기분이 좋아지고, 푸석했던 발 피부가 보들보들 촉촉해지는 것을 느낄 수 있다.

9) 디톡스 족욕

최근에는 '디톡스'라는 단어가 위험 신호로 여겨지고 있다. 선택한 치료법이 독소를 제거하는지 여부를 알 수 있는 신뢰할 수 있는 방법은 없다. 그러나 심리적 만족을 위해 디톡스를 하고 있다면 DIY 족욕이 비용 절감에 도움이 될 수 있다. 이것은 따뜻한 물에 엡솜 소금, 베이킹 소다, 요오드화 소금을 넣는다.

10) 여름 족욕

여름에 대비할 수 있도록 비키니 몸매를 원할 수 있다. 그러나 발은 종종 열린 신발과 샌들을 신을 것이기 때문에 항상 발을 부드럽게 하려고 노력해야 한다. 냄새 조절을 위한 티트리 오일과 따끔거리는 발가락 토닝을 위한 페퍼민트 오일이 필요하다. 민트 잎과 페퍼민트 티백으로 효과를 볼 수 있다. 바다 소금, 엡솜, 베이킹 소다도 섞는다.

11) 기초 족욕

DIY 족욕탕에는 온갖 것들이 추가된다. 여기에는 냄새나는 발을 가리기 위한 향유와 피부 보습을 위한 식물성 오일이 포함될 수 있다. 그러나 기본 레시피에는 산과 알칼리가 포함되어 있으며, 거품 반응은 간지러운 따끔거림으로 발을 정화하고 각질을 제거한다. 사과식초(ACV), 베이킹 소다, 유칼립투스 엡솜 소금을 사용한다.

8. 외국의 족욕치유기법

가. 독일 크나이프 족욕기법

1) 냉수족욕

크나이프 냉수족욕법은 체온을 높혀 면역력을 강화시키는 쉽고 간편한 족욕 치유법이다. 오래 걷거나서 있어서 발에서 열이 나고 다리가 무겁고 피곤한 사람에게 치유효과를 기대할 수 있다. 족욕이 끝나면 바로 가벼운 운동으로 발의 온기를 회복할 수 있도록 하는 것이 중요하다.

- 치유적 효과

  다리 정맥이 강화되고, 다리의 부종을 해소하고, 발의 피로를 회복하고 수면장애를 해소하게 된다.

- 치유 및 제외 대상

구분	치유 대상	제외 대상
증상	피로 지치고 부어오른 다리, 하지정맥류, 수면장애, 발목 타박상, 발목 접질림	급성 신장 및 방광염, 차가운 발, 심장의 혈액순환장애, 냉증 알레르기

- 재료 및 도구

  - 족욕통, 온도계, 수건, 수분크림, 아로마.

- 족욕방법

  (1) 준비된 의자에 편안하게 앉는다.

  (2) 족욕물의 온도는 12~18℃로 맞춘다.

(3) 숨을 크게 내 쉬면서 오른쪽 다리, 왼쪽 다리의 순으로 10초~30초 담근다.

(4) 족욕이 끝나면 다리의 물기를 손으로 훑어내고 남은 물기는 저절로 마르게 둔다.

(5) 발의 온기를 회복하기 위하여 가벼운 운동을 하거나 따뜻한 차를 마신다.

2) 온수족욕

온수 족욕요법은 만성적으로 발이 차고, 발에 땀이 많은 사람에게 적합한 족욕요법이다.

● 족욕의 치유효과

- 혈액순환을 촉진한다. 수면장애 개선에 도움을 준다. 발과 다리의 피로를 풀어준다. 저항력을 키워준다.

● 치유 및 제외 대상

구분	치유 대상	제외 대상
증상	만성적으로 차가운 발, 땀이 차는 발, 약한 저항력, 수면장애 등을 가지고 있는 사람	하지정맥류, 발과 다리 외상이 있는 사람

● 족욕방법

(1) 준비된 의자에 편안하게 앉는다.

(2) 물의 온도는 36~38℃이며 물의 깊이는 종아리 위까지 잠길 정도면 된다.

(3) 온도 유지를 위해서 족욕 중에 따뜻한 물을 보충해 가면서 15~30분 정도 족욕을 한다.

(4) 온수족욕이 끝나면 바로 짧게 무릎에 찬물을 뿌려 준다.

(5) 수건으로 닦은 다음 20~30분 정도 휴식을 취한다.

3) 냉·온수족욕

냉·온수족욕요법은 신진대사를 원활하게 하고 감염을 예방하는 치유법이다. 만성적으로 차가운 발이나 두통 해소에도 도움을 주는 족욕요법이다.

● 치유효과

- 신진대사를 원활하게 하고 저혈압을 치유한다.
- 자율신경을 안정시키고 두통 해소에 효과가 있다.
- 수면장애 해소 효과가 있다.

● 치유 및 제외 대상

구분	치유 대상	제외 대상
증상	만성 찬 발, 감기에 잘 걸리고 감염이 잘 되는 사람, 두통, 수면장애	하지정맥류, 발과 다리 외상이 있는 사람

● 족욕방법

(1) 편안한 자세로 앉는다.

(2) 1개 족욕통에 36~38°C 온수를 채우고 다른 족욕통에 16~18°C 냉수를 채운다.

(3) 온수에 5분 그리고 냉수에 10~15초 정도 다리를 담근다.

(4) (3)을 한 번 더 반복한다.

(5) (4)를 마치고 손으로 다리의 물기를 닦아 낸 다음 양말을 신는다. 발가락 사이를 꼼꼼히 닦는다. 이후 가벼운 운동으로 다리를 따뜻하게 해 준다.

4) 점진적 온수족욕

약 20~25분 동안 33~35°C부터 39~40°C까지 점진적으로 온도를 올리는 치유법이다. 만성 차가운 발은 물론이고 생리통 치유에 도움이 되며 다리 골절치료 후 신진대사를 촉진하는 효과가 있다.

● 치유효과

생리통을 완화시켜 준다. 혈액순환이 촉진된다. 비뇨 기능을 증진시킨다.

● 치유 및 제외대상

구분	치유 대상	제외 대상
증상	급성 또는 만성 요로감염, 생리통, 만성적으로 차가운 발, 두통	하지정맥류, 발과 다리 외상이 있는 사람, 하지정맥류, 혈전 정맥염, 심장병, 발과 다리 외상

● 족욕방법

(1) 편안한 자세로 앉는다.

(2) 종아리 위까지 잠기도록 33~35℃ 물을 받아 오른 다리, 왼 다리

순서로 담근다.

(3) 20~25분 동안 온도를 39~40°C까지 올린다.

(4) (3)을 마치고 수건으로 발가락 사이를 꼼꼼히 닦는다.

(5) 발을 따뜻하게 한 상태에서 20~30분 정도 누워 휴식을 취한다.

나. 중국식 족욕기법

이 고대 중국 약초 혼합물은 심장, 생식계 및 사지의 혈액순환을 증가시켜 과도한 습기(체액 또는 점액)를 제거하고 통증을 완화하며 신체의 항상성 분포를 조절한다. 신경계는 신진대사 기능, 항산화 기능을 촉진하고 면역 체계를 조절할 수 있다.

족욕은 소화 지원, 호르몬 조절 및 통증에 대한 중국의 일반적인 치료법이다. 산화질소, 일명 "기"는 많은 신체 시스템과 기능을 조절하는 기체 물질이며 혈액에 의해 운반된다. 족욕탕에서 혈액을 움직이는 허브를 통해 혈액순환이 개선되면 근육과 장기 조직에 "기"가 분포되어 신체가 스스로 치유되도록 돕는다.

따라서 족욕은 "기와 혈액"이 "정체"된 모든 상태에 적합한 국소 치료법이다.

족욕은 역사적으로 중국에서 소화 문제가 있는 환자에게 사용되어 왔는데, 이는 장 흡수를 증가시키기 때문이다. 허브를 국소적으로 사용하면 흡수 문제가 있을 때 신체에 더 부드럽게 작용한다.

내분비 질환은 족욕을 통해 조절되는데, 이는 조직을 통해 이동하는 산화질소의 조절 효과가 모든 신체 기능을 조절하는 데 도움이 되기 때문이다.

족욕은 근골격계에도 유용한데, 족욕에 들어 있는 많은 허브가 통증과 근육, 힘줄, 관절 질환에 특별히 사용되기 때문이다.

족욕은 한의학적 장기 시스템 내부의 기 또는 혈액 정체, 습기 및 냉증이 있는 고객과 기, 혈액, 추위 및 습기의 정체로 인한 만성 건강 상태를 유지하기 위해 침술이나 마사지 예약 사이에 사용할 수 있는 적절한 보조 치료법이다.

환자 증상의 저류를 보고 싶다면 풍경을 보는 것이 필수적이다. 오대호에 둘러싸여 겨울철 혹독한 추위를 견뎌야 하기 때문에 많은 사람이 추위/습한 형태의 한랭 생리통, 냉습성 관절염, 한랭형 천식 등의 기저 증상을 가지고 있다. 차가운 습기 또는 과도한 습기는 종종 근본적인 양과 기결핍하거나. 악화시킬 수 있다.

"발은 신체 에너지 시스템의 기초이지만 종종 간과되는 신체 부위이다. 인체 뼈의 4분의 1이 발에 있으며, 72,000개 이상의 신경 말단이 있다. 6개의 경락(간, 담낭, 신장, 방광, 비장, 위)이 발을 관통하며 70개 이상의 경혈이 있다. 발은 또한 신체의 다른 어떤 부분보다 부상에 더 취약하다. 고대 중국인들은 인체를 나무에 비유했다. 팔은 나뭇가지이고, 몸통은 몸통이며, 발은 뿌리이다. 나이가 들면 가장 먼저 약해지는 것 중 하나가 뿌리인데, 이는 이동성 문제를 일으킨다. 중국 사람들이 건강을 개선하는 방법의 하나는 족욕이다. 도교 사원에서는 많은 사람이 족욕을 하고 있는데 특히 겨울철에 활용하고 있다.

1) 족욕기법

족욕 과정에는 여러 단계가 있으며, 진정한 치유는 여러 번의 목욕 후에 시작된다. 혈액순환이 잘되지 않는 경우 처음 몇 번의 족욕은 발을 따뜻하게 할 수 있다. 여러 번 목욕을 한 후 혈액순환이 개선되면 목욕에서 나오는 열이 다리를 타고 올라와 심박수가 증가하는 것을 느낄 수 있는 몸을 통해 머리로 올라가는 것을 느낄 수 있다. 이 시점에서 땀을 흘리기 시작할 수 있으며 이는 목욕 세션이 끝났음을 나타낸다. 집에서 이 작업을 수행하려면 아래 단계를 따르면 된다.

(1) 원하는 허브와 함께 물을 40℃ 또는 편안한 온도로 끓인다.

(2) 족욕탕에 액체를 붓는다 - 물을 담을 수 있고 발이 들어갈 수 있는 용기를 사용한다.

(3) 잠자리에 들기 전에 20분 동안 또는 땀이 날 때까지 발을 담근다.

(4) 몸을 담근 후 발을 말리고 따뜻하게 유지한다.

2) 족욕재료

허브, 소금 및 오일은 피부를 통해 혈류로 들어가 테르펜, 알칼로이드 및 휘발성 오일이다. 그들의 효과는 모공을 여는 목욕시 따뜻함에서 오는 혈액순환이 있을 때만 효과적이다.

다음은 진정 효과가 있는 봄 목욕에 사용할 수 있는 허브와 소금이다.

- 생강과 민들레: 독감 완화에 좋다.
- 쑥 : 혈액순환 촉진, 통증 완화, 생리통 진정, 기 조절
- 국화 : 항염증 및 항균, 스트레스, 슬픔, 분노 해소
- Skullcap : 긴장성 두통 완화
- 히말라야 소금 : 통증 완화
- 엡솜 소금 : 변비 완화, 통증 완화, 피로 감소, 수면 개선

3) 족욕치유효과

- 족욕 치유대상 질환 : 불면증. 건막류와 무좀, 감기, 습진 및 기타 피부 알레르기, 관절통, 심장병, 월경. 알츠하이머병, 위장 질환. 신장 질환. 변비, 성적 식욕
- 장기적인 건강상의 이점 : 피로 감소, 마음을 진정시키고 수면의 질을 향상, 혈압 낮추기, 피부 컨디션과 미용 개선, 근육과 뼈 강화, 혈액순환 증가

4) 족욕 불가 대상

- 임신 중, 전이성 암이 있는 경우, 활동성 감염이 있는 경우, 혈액순환이 증가함에 따라 질병이 악화된 경우, 최근 수술을 받았거나 열린 상처가 있는 경우

다. 일본식 족욕기법(아시유)

일본의 아시유는 공중 족욕탕이다. 아시유(足湯)는 피곤한 발과 종아리의 근육통을 가라앉히기 위한 일본식 족욕 또는 족욕 스파이다.

아시유 "발"을 의미하는 "아시"足와 "뜨거운 물"을 의미하는 "유"湯의 두 문자의 조합이다.

일반적으로 온천 근처에서 발견되 아시유는 일본에서 매우 인기 있는 공중 족욕탕이다. 온천과 관광지 근처에 있으며, 주변 환경을 감상하면서 휴식을 취할 수 있다.

뜨거운 물을 가득 채운 아시유는 실제로 발을 위한 온천이다.

그렇기 때문에 일반적으로 공원이나 기차역과 같이 군중을 끌어들이는 장

소와 가까운 온천 마을에서 발견된다.

길가에서 아시유를 찾을 수 있다. 이곳은 온천으로 유명한 아타미에 있다

이 족욕탕의 편안한 미덕은 더 큰 온천탕만큼이나 널리 알려져 있다.

실제로, 아시유에서 보내는 시간은 온천에서 보내는 시간보다 훨씬 짧기 때문에, 이 전통적인 수영장은 일반적으로 완전한 온천의 열기를 관리할 수 없거나 혈압에 문제가 있는 사람들에게 의사가 권장한다. 고혈압일 경우 온천은 권장하지 않는다. 일본인들은 이 족욕을 너무나 좋아해서 겨울철이 특히 힘든 지역에서는 변형된 테유(teyu) 또는 손 목욕을 발명하기까지 했다

일본 여행에서 매우 인기 있는 아시유는 온천 근처에 지어졌으며 지나가는 여행자가 온천에 완전히 잠기지 않고도 휴식을 취할 수 있도록 했다. 그렇기 때문에 보통 근처에서 발견되지만 여행자가 많이 걷는 경향이 있는 관광지와도 가깝기 때문에 발이 휴식을 취할 수 있다.

일반적으로 무료로 사용할 수 있으며 신발과 양말을 벗고 즐기기만 하면 된다!

전신 온천을 방문하는 것에 비해 상당한 시간을 절약할 수 있으며, 전신 목욕 경험을 위해 훨씬 더 많은 시간을 할애해야 한다. 아시유는 산책이나 관광으로 하루를 보낸 후에 이상적이다. 대부분의 아시유는 무료이지만 일부 족욕탕은 사용료를 받는다. 특히 관광지 근처에 위치한 아시유는 200엔에서 300엔의 요금을 받을 수 있다.

잘 알려진 아시유는 역 근처나 바다 근처에도 일본에는 아시유가 많이 있다! 온천 근처에 있을 때 주저하지 말고 물어본다면, 근처에서 아시유를 찾을 수 있기 때문이다.

일본 전역에서 잘 알려진 아시유를 소개한다.

● 기누가와(닛코)

기누가와 온천으로 이어지는 기차역 앞 닛코 근처에 위치한 이 작은 아시유는 완전 무료이기 때문에 온천 손님들에게 매우 인기가 있다.

● 아라시야마 (교토)

대나무 숲에는 아라시야마로 이어지는 작은 트램 인 게이후크란덴 트램이 운행하는 역에도 족욕탕이 있다. 200엔을 내면 발을 담그고 작은 수건을 기념품으로 남길 수 있다.

● 오에도 온천 모노가타리(도쿄)

도쿄에서 가장 인기 있는 온천에는 대형 아시유도 있다. 그 안을 걸을 수도 있고, 혈액 순환을 촉진하기 위해 욕조를 감싸고 있는 돌의 느낌을 즐길 수도 있다. 공원 입장료를 지불하면 무료로 입장할 수 있다.

● 에노시마 스파(가마쿠라)

가마쿠라 근처에 있는 에노시마 스파 입구의 작은 다리에는 바다와 후지산을 직접 볼 수 있는 족욕탕이 있다. 입장료는 200엔이며, 에노시마 스파에 가지 않고도 아시유를 이용할 수 있다.

제2장

농촌 치유자원을 활용한 농촌치유프로그램
농특산물 족욕, 농촌 일광욕, 접지맨발걷기

농촌의 자연환경을 활용한 일광욕 치유프로그램

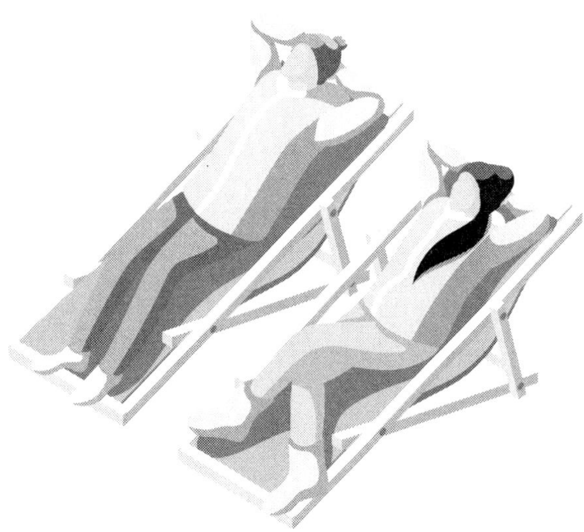

제2장. 농촌의 자연환경을 활용한 일광욕 치유 프로그램

1. 일광욕 필요성

해가 뜨지 않고 햇빛이 없는 날을 상상해 보면, 우리의 삶은 뒤죽박죽 삐걱거리며 멈출 것이다.

아마도 이것이 고대 종교의 대다수가 항상 태양신을 숭배한다고 믿었던 이유일 것이며, 오늘날에도 인도에서는 매일 아침에 태양에게 물을 바치는 사람들을 흔히 볼 수 있다.

태양은 세계 종교에서도 똑같이 중요한 위치를 차지하고 있다. 태양이라는 단어는 라틴어 이름 Sol 또는 그리스어 이름 Helios에서 파생된다.

어머니나 할머니가 아침 9시 전에 발코니나 테라스에서 시간을 보내라고 요청했다면, 그들에게는 이유가 있다. 아침 햇볕 아래 앉아 있는 것은 또 다른 무작위 가정 요법처럼 들릴지 모르지만 비타민 D의 일일 복용량을 얻기 위해 잘 입증 된 고대 솔루션이었다.

서양 국가에서는 동일한 관행이 일광욕(Sunbath)이라는 다소 정교한 이름을 가지고 있다. 서양인들이 수영장이나 해변가에 누워 햇볕을 쬐는 것은 드문 일이 아니며 그들도 그렇게 하는 데에는 여러 가지 이유가 있다.

산스크리트어로 Athpasnaanam, 영어로 Sun Bath라고 부르는 이 고대-현대 관행은 다양한 건강상의 이점을 제공한다.

태양 없이는 지구상의 생명체를 상상할 수 없다. 자연광은 우리의 건강과 웰빙에 매우 중요하다. 햇빛은 우리 몸의 자연스러운 리듬을 조절하는 데 도움이 되며 햇빛을 충분히 섭취하지 않으면 놀라운 방식으로 건강에 영향을 미칠 수 있다. 햇빛에 과도하게 노출되면 피부에 해를 끼칠 수 있다는 말을 들어봤을 수도 있지만, 특정 시간에 지속적으로 태양의 따뜻한 광선에 노출되는 것이 매우 유익할 수 있다는 것을 알고 있나요? 수많은 피부 질환을 치료할 수 있으며 기분을 고양시키는 데 도움이 될 수 있다.

비타민 D가 현대 과학을 통해 알려진 어떤 항암제보다도 더 강력한 암 발병 위험을 예방하는 가장 효과적인 약이라는 사실과 부합된다. 오늘날 병원 환자의 60%와 요양원 환자의 80%가 비타민 D 결핍 상태이며, 임산부의 76%가 심각한 비타민 D 결핍이라는 보고가 있다. 평소 훌륭한 식사를 하는 사람이라도 비타민 D는 결핍될 수 있다. 식사를 통해 충분한 양의 비타민 D를 섭취하지 못하기 때문에 햇빛을 쬐는 것으로 필요한 비타민 D를 생산한다. 태양 빛은 비타민 D의 일차적인 공급원이다. 그런데 문명이 발달하면서 실내에서 생활하는 시간이 많아지고, 피부암 발병에 대한 걱정으로 태양을 피하게 됐다. 질병을 억제하는 햇빛의 혜택을 얻으려면 최소한 일주일에 3시간, 하루 15분~20분 이상 햇빛을 쬐어야 한다. 자외선이 강할 때 30분 햇빛을 쬐면 1만IU의 비타민 D가 생성되는데, 우유 한 잔에는 겨우 100IU밖에 없다. 칼슘은 비타민 D를 고갈시키고, 우유에는 여분의 칼슘을 감당할 만큼 충분한 양의 비타민 D가 들어있지 않으며, 합성 비타민 D는 몸에서 흡수하기가 매우 힘든다.

30분 햇빛 쬐면 비타민 D '우유 한잔의 100배' 1만 IU를 생성하게 되어 골다공증·당뇨·면역장애 등 예방 및 암 위험 현저히 줄어든다.

비타민 D의 가장 중요한 기능은 뼈의 건강을 지켜주는 것이다. 골다공증은 주로 비타민 D의 결핍에 의해 발생하며, 비타민 D 결핍은 칼슘 흡수를 심각하게 저해한다. 또한 전립선암, 유방암, 난소암, 우울증, 대장암, 정신분열증을 예방할 수 있고, 당뇨병, 심장병, 면역장애, 건선, 감염병 등의 위험을 줄여주기도 한다. 운동과 일광욕은 모두 심장에서 한 번에 뿜어내는 혈액의 양인 심박출량을 증가시킨다. 한 시간의 일광욕으로 심장의 능률이 평균 39% 증가되고, 이런 효과는 5~6일간 지속된다. 이런 햇빛 요법을 이용하면 심장을 자극하기 위해 사용하는 약물을 효과적으로 대체할 수 있다. 일광욕을 하면 체내 축적된 글리코겐의 양을 감소시키는 가인산 분해 효소 생산을 자극하여 햇빛이 인슐린과 같은 역할을 하며 혈당을 떨어뜨리기 때문이며, 이런 효과는 며칠 지속되기도 한다. 스스로 인슐린의 양을 조절할 필요가 있다.비타민 D 수준이 높을수록 근골격 기능이 더 우수하다. 활동적인 집단이나 비활동적인 집단 모두에서 비타민 D 보충제가 운동 기능을 개선하는데 도움이 될 수 있을 것이라 강조하지만, 햇빛에 의해 만들어진 비타민 D와 비교할 때 효과가 매우 적거나 전혀 없을 수도 있다. 자외선을 쬐는 사람들이 그렇지 않은 사람들에 비해 감기에 걸릴 위험이 50% 감소한다고 한다. 햇볕을 쬐는 사람의 면역체계가 지속적으로 높은 효율성을 유지한다는 말이다. 비타민 D의 적정수치는 혈액 중 대략 20~32ng/ml이라면 안심할 수 있다.

따라서 인류의 건강을 위해서는 일광욕이 필요한 치유프로그램이다.

출처 : 의사신문(http://www.doctorstimes.com)

2. 일광욕 이해

가. 햇빛의 이해

햇빛은 태양에서 지구로 들어오는 광선이다. 햇빛은 파장 길이에 따라 가시광선과 적외선, 자외선으로 나뉜다.

가시광선은 인간의 눈으로 볼 수 있는 광선이다. 파장 범위는 380~780nm이다. 물체에 닿아 반사하는 광선이 인간의 눈에 색채로 인식된다. 무지개의 빨주노초파남보를 생각하면 된다. 적외선 가시광선보다 파장이 긴 광선이다. 파장의 범위는 0.7㎛~1mm이다.

가시광선이나 자외선에 비해 강한 열작용을 가지는 것 때문에 열선이라고도 한다. 자외선 짧은 파장을 가지는 빛이다.

자외선은 UVC(100~280nm), UVB(280~320 nm), UVA(320~400nm)로 분류된다.

자외선의 종류와 특징

<table>
<tr><th>자외선</th><th colspan="2">특징</th></tr>
<tr><td>자외선A(UVA)
-315-400나노미터(nm)
-가장 긴 파장
-가장 많이 지구표면 도달</td><td>특징</td><td>○ 투과성 : UVA는 상대적으로 긴 파장 때문에 대기를 쉽게 통과하며, 구름이나 유리를 통과하는 능력도 있다.
○ 피부 침투 능력 : UVA는 피부의 표면뿐만 아니라 더 깊은 층까지 침투할 수 있다. 이로 인해 피부 노화와 같은 문제가 발생하기도 한다.
○ 피부손상 원인 : UVA는 UVB에 비해 피부에 직접적인 화상을 일으키는 데에는 덜 강하지만, 장기적인 노출로 인해 피부에 손상을 주는 원인이 된다</td></tr>
</table>

<table>
<tr><th>자외선</th><th colspan="2">특징</th></tr>
<tr><td rowspan="2">자외선A(UVA)
-315-400나노미터(nm)
-가장 긴 파장
-가장 많이 지구표면 도달</td><td>영향</td><td>○ 피부 노화 : UVA는 피부의 콜라겐을 파괴하는데, 이는 피부 노화를 촉진시키며 주름과 늙은 피부를 유발한다.
○ 피부암 위험 증가 : UVA는 피부 세포의 DNA에 손상을 줄 수 있으며, 이로 인해 피부암 위험이 증가한다.
○ 색소 침착 : UVA는 멜라닌 생성을 촉진시켜 피부에 색소 침착을 유발하며, 이로 인해 주근깨나 기미가 생길 수 있다.</td></tr>
<tr><td>활용</td><td>○ 광피부요법 : UVA는 피부 질환 치료에 사용된다. 예를 들어, 건선을 치료하는데 UVA를 이용하여 피부에 노출시켜 피부 세포의 성장을 조절한다.
○ 태닝 : UVA는 인공적으로 피부를 그을리게 하는 데 사용된다. 이는 피부의 멜라닌 생성을 촉진하여 자외선에 대한 피부의 저항력을 높힌다.
○ 검사 및 분석 : UVA 빛은 많은 물질이 형광을 방출하게 하는데, 이를 이용하여 위조지폐를 검사하거나 특정 화합물을 분석하는 데 활용된다.</td></tr>
<tr><td rowspan="2">자외선B(UVB)
-280-315나노미터(nm)
-강한 에너지
-피부영향 큼</td><td>특징</td><td>○ 계절 및 시간대에 따른 강도 변화 : UVB는 계절과 시간에 따라 강도가 크게 변한다. 일반적으로 여름과 낮 시간대에 UVB가 가장 강하다.
○ 오존에 흡수 : UVB의 일부는 오존층에 의해 흡수되므로, 모든 UVB가 지표에 도달하지는 않지만 그래도 지표면에 도달하는 UVB의 양은 상당하다.</td></tr>
<tr><td>영향</td><td>○ 직접적인 피부 손상 : UVB는 피부에 직접적으로 작용하여 화상을 일으킬 수 있다.
○ 멜라닌 생성을 촉진하여 피부를 태우고 색소 침착을 유발한다.
○ 피부암 위험 증가 : UVB는 피부 세포의 DNA에 손상을 주어 피부암의 원인이 될 수 있다.
○ 면역 기능 감소 : 과도한 UVB 노출은 피부의 면역 기능을 감소시킬 수 있으며, 이는 각종 피부 질환에 노출될 위험을 높인다.</td></tr>
</table>

<table>
<tr><th>자외선</th><th colspan="2">특징</th></tr>
<tr><td>자외선B(UVB)
-280-315나노미터(nm)
-강한 에너지
-피부영향 큼</td><td>활용</td><td>○ 비타민 D 생성 : UVB는 피부에 노출될 때 비타민 D 생성을 촉진하는데 사용된다. 이는 뼈 건강을 유지하는 데 중요한 역할을 한다.
○ 피부 치료 : UVB는 건선, 아토피 피부염과 같은 피부 질환 치료에 사용된다.
○ 식물재배 : UVB는 식물의 성장을 촉진하는데 도움이 된다. UVB 램프는 실내에서 작물을 재배하는데 사용될 수 있다.</td></tr>
<tr><td rowspan="3">자외선B(UVC)
- 100-280나노미터(nm)
-가장 짧은 파장
-매우 강한 에너지
가장 해로움</td><td>특징</td><td>○ 대기 흡수 : UVC는 대부분 대기와 오존층에 의해 흡수되어 지구표면에 도달하는 양이 매우 적다. 따라서 자연적인 환경에서는 UVC로 인한 피해를 거의 경험하지 못한다.
○ 강력한 살균 능력 : UVC는 강력한 에너지 때문에 미생물과 바이러스의 DNA와 RNA를 파괴하는 능력이 있다.</td></tr>
<tr><td>영향</td><td>○ 살균 : UVC는 강력한 살균 효과가 있어 의료기기, 공기청정기, 물 정화 시스템에서 널리 사용된다.</td></tr>
<tr><td>활용</td><td>○ 오존 생성 : UVC는 오존층을 생성하는데 사용된다. 오존은 땅에 도달하는 유해한 자외선을 감소시키는데 도움이 된다.
○ 식품 살균 : UVC는 식품 산업에서 음식을 살균하고 보관하는데 사용된다. 이는 식품의 저장 수명을 연장하고 신선도를 유지하는데 도움을 준다</td></tr>
</table>

출처 : www.badassfarer.tistory.comBADASS FARER

나. 일광욕의 이해

일광욕으로 비타민 D를 생성하여 몸에 유익한 작용을 한다.

비타민 D는 건강한 신체를 유지하기 위해 신진대사 및 유전 과정을 켜고 끌 수 있는 신체의 온/오프 스위치와 같다. 비타민 D 결핍은 전반적인 신체 성장과 신진대사를 저해할 수 있다. 비타민 D 수치가 낮으면 골다공증, 관상 동맥 심장 질환, 암, 당뇨병, 자가면역 질환, 전염병, 신경 질환 및 우울증과 같은 다양한 유형의 만성 질환과 관련이 있다. 자가면역 질환은 면역체계가 너무 예민하거나 압도되어 '상대'와 '친구'를 구분하지 못하고 병원체에 대항하는 것이 아니라 애매모호하게 신체 조직을 공격하는 경우에 발생할 수 있다. 체내에 적절한 수준의 비타민 D가 존재하면 면역 체계가 항상 진정되고 상기시켜 면역 체계가 더 "똑똑하고/냉정하고/인식"할 수 있다. 비타민 D는 자가면역 질환의 위험을 줄이기 위해 어떤 병원체와 신체 조직 자체를 구별하여 면역 체계를 경고하거나 촉진한다.

다. 일광욕 영향요인

일광욕을 통해 비타민 D를 합성하는 역할을 하는 요인은 다음과 같다.

- 위도/지리적 위치

  UVB 적용을 위해서는 태양의 위치가 위도 50®도에 있어야 한다. 위도의 위치는 지리적 위치에 따라 다르다. 인도네시아의 경우 위의 위도 50은 오전 10:00~11:00에서 오후 14:00~15:00®(WIB)에 있다. WITA의 경우 일반적으로 오전 05:00에 밝으므로 오전 09:00~10:00(WITA)이 UVB에 걸리기에 가장 좋은 시간이다.

● 피부색

백인이 많을수록 약 5-10분이 걸린다. 반대로, 사람의 피부가 어두울수록 최대 15분이라는 더 긴 시간이 필요하다.

● 특정 약물에 대한 자외선 노출

피부에 약물을 사용하면 광 알레르기 반응을 일으킬 수 있다. : 항원(이물질)으로의 약물 구조 변화. 그런 다음 신체는 알레르기에 반응하기 시작하고 햇빛에 노출된 피부 부위에 염증을 일으키며, 대부분은 국소 약물(국소 약물 또는 피부 도포)이다.

● 착용한 옷

비타민 D를 충분히 섭취하려면 손과 발을 신체나 피부의 1/3 이상 햇빛에 노출시키는 것이 좋다. 사용하는 옷의 색상은 비타민 D의 흡수를 개선하기 위해 더 밝아야 한다(흰색). 피부에 직접 접촉하는 것이 좋다.

● 얼굴 피부

얼굴 피부는 층이 얇기 때문에 비타민 D가 많이 생성되지 않는다. 피부에 반점이 생기지 않도록 얼굴 피부를 보호해야 한다. (모자 사용). 비타민 D의 공급원 일광욕을 할 수 없는 사람들에게는 비타민 D 보충제가 해결책이 될 수 있다. 비타민 D의 식품 공급원은 연어, 정어리, 달걀 노른자, 새우 및 버섯에서 발견된다. 그러나 물론 가장 좋은 소스는 신체가 정상 한계 내에서 자동으로 수준을 조절하기 때문에 신체 자체에서 합성하는 것이다. 일부 전문가들의 경험에 따르면, 일광욕은 신체의 엔도르핀에 긍정적인 영향을 미친다. 사람마다 피부 타입, 비타민 D를 합성하는 식품 성분의 가용성, 피부 상태, 피부색, 나이, 착용 의복 등에 따라 햇빛 노출에 대한 민감도가 다르다. 개별 요인을 고려할 때 일광욕은 일반적으로 결정할 수 없으며 개인의 반응에 따라 조정해야 한다. 그러므로, 가능한 한 자신의 신분을 밝히고, 얼굴 연고(필요하지 않은 경우)와 같은 광과민성 및 광 알레르기성 약물을 피한다.

3. 일광욕의 치유원리

일광욕은 햇볕의 자외선 b가 피부에 닿으면 피하지방이 자극받아 비타민 D가 형성되며, 혈관을 따라 간 비타민 D는 간으로 들어가 화학적 구조를 바꾸고, 다시 심장으로 들어가 활성형 비타민 D로 변화되고 소장으로 내려와 칼슘을 만나게 되는데 이곳에 칼슘의 흡수를 도와 골밀도를 높여 뼈를 튼튼하게 만든다.

햇볕의 치유원리는 이렇다. 자외선이 피부에 침투하면 피부에서 비타민 D를 합성해 간 신장의 대사를 활성화하고 칼슘의 체내 흡수를 돕는다. 그 결과 뼈가 튼튼해지고 혈류와 지질 대사가 좋아진다. 또 햇볕 속 적외선이 몸에 내리쬐면 체온이 올라가 면역력이 증가 된다. 이로 인해 저체온과 약한 면역력으로 생겼던 증상들이 개선된다. 햇볕 속 가시광선이 눈으로 들어오면 자율신경을 안정시켜 마음이 편해지고 기분이 좋아지게 된다.

자외선이 피부에 닿는 순간 비타민 D와 세로토닌의 작용이 활발해져 대사

증후군(고혈압 당뇨병 비만), 갱년기장애, 관절염, 아토피, 피부트러블, 우울증, 수면장애 등이 개선되고 암까지 예방된다.

일광욕 요법의 과학 일광욕 요법은 다양한 건강 문제를 치유하는 자연스러운 방법이다. 햇빛은 신체리듬 조절에 도움이 된다. 멜라토닌은 신체의 일주기 리듬을 유지하는데 필요하다. 멜라토닌은 우리 뇌에 있는 송과선이 생성한다. 멜라토닌의 생성은 햇빛의 강도에 영향을 받는다. 밤에는 증가하고 낮에는 떨어진단.

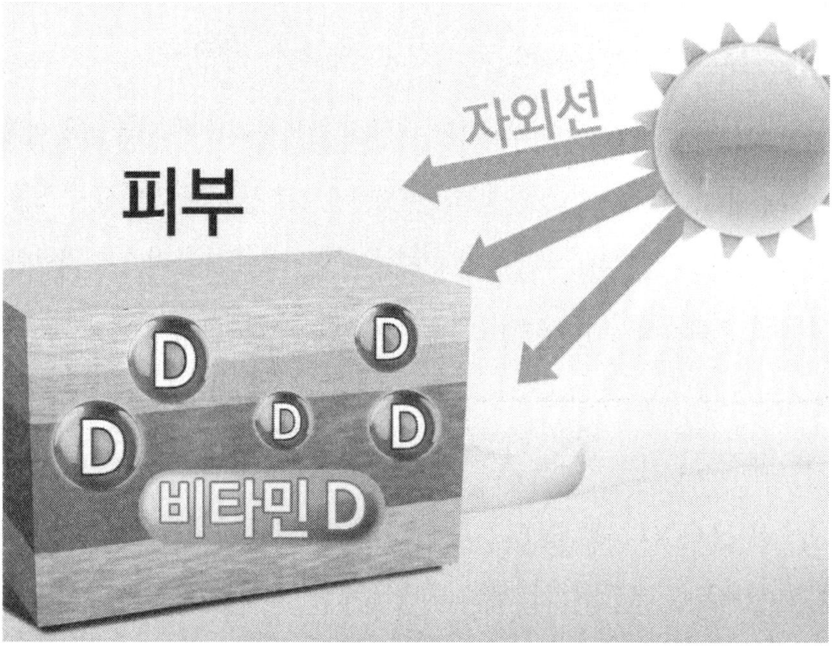

일광욕 요법은 호르몬 수치를 억제하고 장애를 예방하는 데 도움이 된다. 또한 햇빛 노출이 감소하면 신체적, 정신적 장애가 발생할 수 있음이 밝혀졌다. 태양에 노출된다고 해서 피부가 타는 것은 아니다. 건강한 방법으로 태양

광선에 자신을 노출시키기만 하면 된다. 건강한 노출을 박탈하는 것도 결핍을 유발할 수 있다.

비타민 D는 건강한 신체를 유지하기 위해 신진대사 및 유전 과정을 켜고 끌 수 있는 신체의 온/오프 스위치와 같다. 비타민 D 결핍은 전반적인 신체 성장과 신진대사를 저해할 수 있다. 비타민 D 수치가 낮으면 골다공증, 관상 동맥 심장 질환, 암, 당뇨병, 자가면역 질환, 전염병, 신경 질환 및 우울증과 같은 다양한 유형의 만성 질환과 관련이 있다. 자가면역 질환은 면역체계가 너무 예민하거나 압도되어 '상대'와 '친구'를 구분하지 못하고 병원체에 대항하는 것이 아니라 애매모호하게 신체 조직을 공격하는 경우에 발생할 수 있다. 체내에 적절한 수준의 비타민 D가 존재하면 면역 체계가 항상 진정되고 상기시켜 면역 체계가 더 "똑똑하고/냉정하고/인식"할 수 있다. 비타민 D는 자가면역 질환의 위험을 줄이기 위해 어떤 병원체와 신체 조직 자체를 구별하여 면역 체계를 경고하거나 촉진한다.

4. 일광욕 연구사례

호주 퀸즐랜드 의학연구소의 레이철 닐 교수의 연구에 따르면 자외선이 강한 지역에서 거주하는 사람들은 자외선이 낮은 지역의 주민들보다 췌장암에 걸릴 위험이 30~40% 낮았으며 난소암과 식도암의 발병 위험은 각각 30%와 40%가 낮은 것으로 밝혀졌다. 닐 교수의 연구에는 그의 연구에는 동일한 자외선에 노출되더라고 흰 피부를 가진 사람들이 그렇지 않은 사람들에 비해 췌장암의 발병 위험이 최고 47%나 낮았다는 내용도 포함돼 있다. 닐 교수는 수백명의 피실험자를 대상으로 한 역학적 조사에서 자외선의 강도와 일부 암의 발병 확률 사이에 이 같은 상관관계가 있음을 밝혀냈다. 닐 교수는 외출 시간이 충분하지 않은 사람들은 특히 햇빛 노출이 매우 중요하다고 말했다. 충분한 햇빛을 쬐지 못하면 체내에 비타민 D가 제대로 생성되지 않아 어린이들에게서는 구루병이, 성인에게서는 골연화증이 발생할 위험이 있다. 호주 통계국은 지난 2011~2012년 조사를 통해 호주인 4명당 1명에게서 비타민 D가 부족한 것으로 나타났다고 밝힌 바 있다. 닐 교수는 이에 대해 "하루 2~3분이라도 햇빛을 쬐면 비타민 D를 얻는데 충분할 것으로 본다"라면서 햇빛을 쬐더라도 장시간 피부를 덜 노출시킨 상태보다는 단시간이라도 피부를 더 노출할 것을 권고했다. 비타민 D 결핍은 태생적으로 피부색이 짙은 사람들, 종교나 문화적 이유로 신체를 가리는 사람들, 노인, 늘 실내에서 일하는 사람들, 비타민 D가 부족한 산모가 출산한 아이들, 골다공증 환자들에게서 나타날 확률이 상대적으로 높다. 닐 교수는 비타민 D 보충제를 복용하는 것도 암에 효과가 있는지 알아보기 위기 위에 임상실험을 계획하고 있다. 그는 60세 이상의 일반인 2만 5천 명을 두 그룹으로 나눠 5년동안 비타민 D 알약이나 비타민 D 성분이 없는 플라시보(위약)를 복용토록 하고 그 효과를 관찰할 예정이다.

매일 평균 3시간 이상 야외에서 햇빛을 쬐면 유방암 발병률을 최대 50%까지 낮출 수 있다는 연구 결과가 나왔다.

피부는 자외선에 노출되면 체내의 비타민 D 생산을 촉진시키는데, 이 작용이 강한 항암 효과를 일으킨다는 것이다.

비타민 D 수치가 높다는 것은 유방암이나 대장암, 폐암 등 각종 암의 발병률을 저하시키며, 이 중 유방의 유선세포는 비타민 D를 항암 호르몬으로 변환시킬 수 있다고 알려져 있다.

비타민 D가 유방암 감소와 관련된다고 보고된 연구들 중 대부분이 음식물로부터 섭취된 비타민 D의 연관성을 평가하고 있다. 하지만 이번 새로운 연구에서는 비타민 D의 체내 생산과 관련된 피부와 일광과의 관계에 대해 보고하고 있다.

캐나다의 '암 치료 온타리오'의 로라 앤더슨 박사와 연구진은 3,101명의 유방암 환자와 3,471명의 건강한 여성을 비교했다. 10대, 20~30대, 40~50대, 60~74세 4그룹으로 나누어 자외선이 강한 4~10월 동안 야외에서 지낸 기간에 대해 설문 조사했다.

분석 결과, 모든 연령에서 야외에서 보낸 시간이 긴 여성일수록 유방암 발병률이 적은 것으로 밝혀졌다. 60~74세에 1주일 동안에 21시간 이상 야외에서 보낸 여성은 6시간 이하의 여성에 비해 유방암 발병률이 50% 낮았다.

마찬가지로 10대, 20~30대, 40~50대 그룹에서도 야외에서 보낸 시간이 긴 여성일수록 유방암 발병률이 29%, 36%, 26% 낮았다. 또한 자외선 차단제를 사용하는 습관과 자외선은 유방암과 관련이 없었다.

하지만 태양광선에 의한 비타민 D 생성은 유방암 감소와 밀접한 관련이 있으며 폐경 상태, 식사를 통한 비타민 D 섭취, 신체적 활동으로부터의 영향은 받지 않았다.

그 외에도 높은 비타민 D 수치는 암뿐만 아니라 고혈압이나 심장발작, 뇌졸중 등 심혈관 질환 저하, 남성의 생식력 향상, 뼈의 건강 등과 관련이 있다.

자외선을 많이 쬐면 피부암 증가, 피부나 눈의 노화 촉진을 가져올 수 있으므로 균형에 맞게 일광욕을 하는 것이 중요하다. 자외선 차단제를 바르지 않은 상태로 팔이나 다리를 15~20분간 정도 노출시키면 충분한 비타민 D가 얻어진다는 일부 연구 결과도 있다. 이 같은 연구 결과는 의학전문저널 '미국 역학 저널'에 발표되었으며 데일리메일 뉴스 등에도 게재되었다.

5. 일광욕 방법

1) 일반적인 일광욕 방법

● 일광욕 순서

- 일광욕을 하는 경우 머리가 그늘에 있어야 한다. 원하는 경우 덮을 수도 있다. 이것은 일광욕을하는 동안 태양광선이 머리에 직접 떨어지지 않아야 하기 때문이다.
- 이 시간 동안 태양광선을 흡수하는 시간은 춥거나 언덕이 많은 지역에서 하루 중 언제든지가 될 수 있다. 더위가 많은 다른 곳에서는 해가 뜰 때 일광욕을 하는 것이 좋다. 이때 열을 견딜 수 있으며 몸에 해를 끼치지 않는다.
- 일광욕 후에는 그늘에서 산책하거나 물로 목욕하는 것이 좋다.
- 이 작업은 10분에서 30분 정도 걸릴 수 있다. 10 분으로 시작하는 것이 좋다. 원하는 시간과 시간에 따라 점차 지속시간을 늘릴 수 있다. 일광욕하면서 원한다면 몸을 마사지할 수도 있다. 일주일에 한 번 태양광선 아래에서 겨자기름으로 몸 전체를 마사지하면 좋

다. 마사지 후에는 미지근한 햇볕 아래에서 일광욕을 함으로써 태양광선을 더 많이 활용할 수 있다. 일광욕은 칼슘의 가장 큰 공급원이다. 이것은 뼈를 튼튼하게 유지한다.

- 칼슘의 가장 큰 공급원이다. 이렇게 하면 뼈가 튼튼해진다. 햇빛은 노년기에 몸의 뼈를 튼튼하게 유지한다. 혈압은 정상으로 유지된다. 피부염과 관절염에 유익하다. 신체는 필요한 칼슘과 인을 공급받는다.
- 아침에 햇볕을 쬐면 비타민 D 수치가 높아질 뿐만 아니라 체중 균형도 유지된다. 이 마사지를 하는 동안 몸에 활력이 생긴다. 활력이 넘친다.
- 미지근한 햇볕이 피부에 내리쬐면 고혈압이 줄어든다. 심장 마비와 뇌졸중의 위험이 없다. 아마를 정기적으로 목욕시키면 치아를 튼튼하게 유지할 수 있을 뿐만 아니라 모발 성장도 개선된다.
- 임산부는 정기적으로 아마 목욕을 한 다음 육체적 피로, 요통, 메스꺼움 문제를 제거한다. 이것은 면역 체계를 건강하게 유지하고 스트레스가 남지 않는다. 콜레스테롤 수치가 높다는 불만도 해소된다.

● 예방 및 주의사항

- 일광욕은 날씨가 더우면 아침 일찍 일어나 해가 뜰 때 한다.
- 태양 앞에 앉아 있을 때 어지러움을 느끼면 의사와 상담한다.
- 보호 장치 없이 태양 앞에서 바라보지 않는다. 원한다면 이에 대해

전문가의 조언을 구한 다음 연습한다.

- 이 작업을 오랫동안 수행하는 경우 반드시 모자, 선글라스 및 밝은 색상의 옷을 착용한다.
- 피부는 민감하고 햇빛에 알레르기가 있는 사람은 하지 않는 것이 좋다.
- 뜨거운 햇볕은 진정제이며, 열대 기후의 일광욕은 기온이 그리 높지 않은 이른 아침이나 늦은 오후에 하는 것이 가장 좋다.
- 스모그는 태양광선의 50% 이상을 차단한다. 일광욕은 공기가 맑은 곳에서 하는 것이 가장 좋다.
- 처음에는 짧은 기간을 유지한다. 햇볕에 화상을 입으면 피부가 손상되고 반복되면 암을 유발할 수 있다.
- 환자를 차갑게 하지 않는다.
- 테트라사이클린과 그리세오풀빈과 같은 일부 약물은 피부를 민감하게 만들어 일광 화상을 쉽게 입는다.
- 눈을 직사광선에 노출시키지 않는다.
- 식사 직전이나 직후에 일광욕을 하지 않는다.
- 탈수의 위험이 있는 경우 환자에게 물을 마시게 한다.
- 장기 치료를 받는 환자는 식이 지방이 일광 화상의 속도와 피부암 발병 가능성을 높이기 때문에 저지방 식단을 사용해야 한다.
- 처음에 5분간 시작한 다음 하루에 5분씩 30분으로 늘린다.
- 대부분의 사람들은 햇빛의 모든 이점을 유지하기 위해 하루에 10

분만 직사광선을 쬐어도 된다.

- 상처나 피부 감염이 있는 대부분의 환자는 해당 부위와 주변 피부를 15분 동안 노출하고 하루에 5분씩 최대 2시간까지 노출시킨다.
- 내부 질환이 있는 환자는 편안하게 신체를 최대한 노출해야 한다. 신체의 앞면은 5분, 뒷면은 5분으로 시작하여 하루에 최대 총 2시간까지 늘릴 수 있다.
- 물을 많이 마시고 일광욕 중에 수분을 유지한다.
- 일광욕 중에는 젖은 수건으로 머리를 덮는다.
- 일광욕 후에는 물로 목욕을 한다.
- 일광욕 직후에는 아무것도 먹지 않는다.
- 일광욕을 하기 2시간 전에는 아무것도 먹지 않는다.
- 심장 질환을 앓고 있거나 빛에 알레르기가 있는 사람은 일광욕하지 않는다.
- 바람이 많이 부는 곳에서 일광욕을 하는 것은 피해야 한다.
- 일광욕을 하기에 가장 좋은 시간은 오전 8시 이전과 오후 5시 이후로, 이 시기의 태양 광선은 그다지 강하지 않기 때문이다.

2) 치유적 기능을 고려한 일광욕 방법

단계적으로 햇빛의 양을 늘려 간다. 우리 몸속에 비타민 D 반감기 2~3주인데, 일광욕으로 생성된 비타민 D는 인공으로 흡수된 것보다 반감기가 2배 오래 지속된다. 적도보다 중위도는 더 많은 시간 햇빛을 쬐야 한다,

점진적으로 신체부위를 노출하면서 일광욕을 하면 된다. 발목(5분) 무릎

(10분) 허벅지(5분) 등 점차적으로 7일 정도 되면 전체가 노출되게 하는 방법도 있다.

일광욕시 가장 먼저 명심해야 할 것은 매우 강한 햇빛 아래에서 일광욕을 해서는 안 된다는 것이다. 또한 땀을 흘리기 시작하자마자 멈추고 태양광선에서 멀리 떨어져야 한다. 일광욕을 하려면 먼저 젖은 수건으로 머리를 덮는다. 속옷 차림이거나 가벼운 면 옷을 입어야 피부가 햇빛을 더 잘 흡수할 수 있다.

눕거나 햇볕이 잘 드는 곳에 앉아서 잠시 휴식을 취한다. 땀을 흘리기 시작하면 태양에서 벗어나 찬물에 몸을 담근다.

여름에는 10~15분, 겨울에는 20~30분이어야 한다. 그러나 바람이 많이 부는 곳에서 일광욕을 하는 것은 피해야 한다. 일광욕을 하기에 가장 좋은 시간은 오전 8시 이전과 오후 5시 이후로, 이 시기의 태양광선은 그다지 강하지 않기 때문이다.

일광욕시 적당히 따뜻한 햇빛을 쬐는 것이 좋다.

일광욕하기에 적당한 온도는 18~25℃이며, 관절염이 있을 경우 좀 따뜻한 온도가 좋고, 결핵은 좀 서늘한 온도가 좋다. 일광욕하기 좋은 계절은 봄과 초여름이다.

일광욕시 적당량의 햇빛을 쬐어야 한다.

미국에서 연구에 의하면 위도별 2개 지역에 자연 태양 노출과 경구 비타민 D 보충으로 인한 비타민 D의 생산의 추정 동등성 연구결과를 보면 마이애미와 보스턴 거주 사람들에 대해 400 또는 1000IU 비타민 D에 해당하는 혈청 비타민 D 농도를 달성하는 데 필요한 시간은 1월, 4월, 7월, 10월에 따라 태양 노출시간을 결정하였다. 북위 42도에 위치한 보스턴에서는 400IU를 합성하기 위해서 여름에는 1시간, 겨울에는 하루종일 쬐어도 부족하고, 북위 25도에 위치한 마이에미에서는 400IU를 합성하기 위해서 오전 12시경에 하되 여름 6분, 겨울 15분 필요하다고 한다. 북위 33~37도인 한국에서 비타민 D 400IU 합성을 위한 적당량의 햇빛을 쪼이는 시간이 필요하다. 따라서 한국에서는 다음과 같이 하면 된다고 한다.

적당한 일광욕 시간을 계절별로 보면 봄에는 선크림 없이 30~60분, 여름에는 10~15분, 겨울에는 시간과 관계없이 최대한 오래 하면 좋다.

건강 상태별로는 임산부는 일반인의 1.5배 더 일광욕 시간이 필요하다. 본인과 태아를 위해서이다. 비만인 경우 지용성 비타민 D를 지방세포 흡수하기 때문에 더 긴 시간이 필요하다.

노인들은 나이가 들어서 신체 기능의 저하로 비타민 D 합성 능력 저하 되어 상대적으로 긴 시간이 필요하다. 90대는 20~30대의 75%까지 감소하기 때문이다.

● 일광욕 중 주의사항을 명심하라

- 물을 많이 마시고 일광욕 중에 수분을 유지한다.
- 일광욕 중에는 젖은 수건으로 머리를 가린다.
- 일광욕 후 물로 목욕한다.
- 일광욕 직후에는 아무것도 먹지 않는다.
- 2시간 이상 복용해서는 안 된다.
- 심장병을 앓고 있거나 빛 알레르기가 있는 사람은 일광욕하면 안 된다.

- 적당히 따뜻한 햇빛을 쬐어라
  - 18~25℃ 적당한 온도
  - 관절염은 좀 따뜻한 온도
  - 결핵은 좀 서늘한 온도
  - 겨울 : 오전 10~ 오후 3시
  - 여름 : 여름 오전 6~9시
  - 봄과 초여름이 가장 좋음
- 적당량의 햇빛을 쬐어라

  북위 33~37도인 한국에서 비타민 D 400IU 합성을 위한 적당량 햇빛은 다음과 같다.
- 봄 : 선크림 없이 30~60분
- 여름철 : 10~15분
- 겨울 : 시간과 관계없이 최대한 오래
- 임산부 : 일반인의 1.5배 (본인+태아)
- 비만인: 지용성 비타민 D의 지방세포 흡수
- 노인 : 나이가 들면 비타민 D 합성 능력 저하, 90대는 20~30대의 75%까지 감소

6. 일광욕의 치유적 효과

일광욕은 신체의 혈액순환을 개선하고 몸에서 독소를 제거하는 데 도움이 된다. 또한 뼈에 의한 칼슘 흡수에도 필요하다. 연구에 따르면 UVB 광선은 인체에서 혈압 상승에 중요한 비타민 D3의 합성을 촉진한다.

아기도 튼튼한 뼈와 치아를 위해 햇빛에 노출된다. 태양광선은 독특한 치유력을 가지고 있으며 건선, 여드름 및 습진과 같은 피부 질환을 치료하는 데에도 유익하다. 태양의 빛은 피부 깊숙이 침투하여 혈관을 정화한다.

햇볕을 쬐면 수많은 건강상의 이점을 얻을 수 있다.

안타깝게도, 이것이 오늘날 사람들이 피부 및 기타 건강 관련 문제를 다루는 이유 중 하나인데, 이는 이른 아침 태양광선에서 풍부하게 얻을 수 있는 비타민 D가 부족하기 때문이다. 15분만 투자하면 햇볕에 흠뻑 젖어 몸을 신진대사하고 건강이라는 선물을 받을 수 있다.

일광욕의 치유적 효과는 다음과 같다.

◉ 비타민 D 공급 촉진

태양이 건강에 필수적인 비타민 D의 가장 풍부한 공급원 중 하나라는 것은 비밀이 아니다. 집 밖을 나설 때마다 자외선 차단 크림과 로션을 피부에 지속적으로 바르면 이 귀중한 비타민을 빼앗기게 된다. 비타민 D는 면역 체계를 지원하고 치매, 뇌 노화를 예방하고 천식 증상을 최소화하며 치아 건강과 골밀도를 개선하는 데 필수적이다. 또한 암으로부터 신체를 보호한다는 사실에 놀랄 수도 있다.

연구에 따르면 혈청 비타민 D 수치가 125nmol/L 미만인 사람은 122nmol/L인 사람에 비해 여러 가지 원인으로 인한 치매나 알츠하이머병에 걸릴 위험이 더 큰 것으로 나타났다.

비타민 D는 햇빛에 의해 공급이 증가하기 때문에 햇빛 비타민으로도 알려져 있다. 우리 몸의 모든 조직은 대부분 활성 형태의 비타민

D인 1,25-디하이드록시비타민 D3(1,25[OH]2D3)에 의해 조절되며, 그 중 일부는 칼슘 대사, 면역 체계 및 신경근 기능에 관여한다. 비타민 D 결핍은 야외에서 햇볕을 쬐지 않기 때문에 발생한다.

비타민 D는 신체에서 몇 가지 중요한 기능을 한다. 염증 감소를 촉진하고 세포 성장을 조절한다. 또한 식품만으로는 충분한 양을 섭취하기가 매우 어렵다. 햇볕은 비타민 D의 가장 좋은 천연 공급원이며, 일주일에 몇 번 5-15분 정도 햇빛을 쬐어도 그 차이를 느낄 수 있다. 밖으로 나가 팔과 얼굴에 직사광선을 쬐어 필요한 비타민을 흡수한다.

● 혈압조절을 통한 고혈압 개선

일광욕은 고혈압을 앓고 있는 사람들에게 특히 도움이 된다. 일광욕을 하면 피부의 최상층에 있는 산화질소를 활성화하는 데 도움이 되는 것으로 나타났다. 혈관을 넓혀 혈액순환을 개선하는 데 도움이 된다. 이것은 혈압을 유지하는 데 도움이 된다.

햇빛에 노출되면 신체에 저장된 질소 산화물이 혈류로 방출되어 혈관 확장으로 인해 혈압이 낮아진다.

건강한 혈압을 유지하면 심장질환과 뇌졸중의 위험을 줄일 수 있다. 이완의 느낌은 또한 자연스럽게 혈압을 낮출 수 있으므로 광선을 흡수하여 행복감을 높이는 것도 혈압을 낮추는 데 도움이 된다.

또한 햇빛은 심장 건강과 심혈관질환의 위험에 직접적인 영향을 미칠 수 있다. 비타민 D는 혈압을 조절하는 가장 강력한 호르몬 중 하나인 것 같다.

수면 개선

태양광선을 통해 흡수한 세로토닌은 기분을 좋게 하는 것 이상의 역할을 하며, 밤에 더 편안한 수면을 취하는 데도 도움이 될 수 있다. 세로토닌과 함께 작용하는 멜라토닌은 뇌에서 잠을 자게 하는 화학 물질이며 태양이 신체를 생성하는 데 도움이 되는 화학 물질이다. 불면증으로 고생하고 있나요? 전통적으로 밝고 어두운 주기를 고수하고 낮에는 햇빛을 받아야 밤에 잠을 잘 수 있다.

신체는 수면에 중요한 멜라토닌이라는 호르몬을 생성한다. 어두울 때 몸이 그것을 생성하기 시작하기 때문에 일반적으로 해가 진 후 5시간 후에 졸음을 느끼기 시작하는데, 이것이 우리 몸이 늦여름에 자연스럽게 깨어 있는 이유 중 하나다.

불면증에 시달리고 있다면 알약을 먹기보다 일광욕을 한다.

햇볕에 몸을 담그면 수면의 질을 개선하는 데 도움이 되는 멜라토닌 생성에 도움이 된다.

불면증 해소에도 효과가 있다. 낮에 햇볕을 충분히 받으면 밤 동안 수면 호르몬인 멜라토닌이 활발하게 분비되어 깊은 잠을 자도록 유도한다. 이러한 효과 때문에 실제 불면증 치료에 '햇볕 치료'가 사용되기도 한다. 수면장애를 앓고 있다면 하루 20~30분 정도씩 일광욕을 즐기는 것이 도움이 된다.

연구에 따르면 아침에 한 시간 동안 자연광을 받으면 숙면을 취하는 데 도움이 된다. 햇빛은 멜라토닌 수치를 높이거나 낮출 때를 신체에 알려줌으로써 일주기 리듬을 조절한다. 따라서 일광에 더 많이 노출될수록 잠자리에 들 때 신체가 멜라토닌을 더 잘 생성한다.

● 건선 등 피부 트러블 치유

건선은 붉고 건조한 플라크가 생성되어 피부가 두꺼워지는 피부 질환이다. 불치병이라고 한다. 광선 요법은 건선 치료에 사용되며 광선 요법으로 알려져 있다. 태양은 빛의 원천이므로 햇빛은 건선을 줄이는 데 도움이 될 수 있다.

태양광선이 피부를 파괴할 수 있다고 생각한다면 이른 아침 햇볕을 쬐는 것이 도움이 될 수 있으므로 다시 생각해야 한다. 실제로 건선의 클리마토테라피(Climatotherapy of psoriasis) 저널에 발표된 연구에 따르면, 일광욕을 하면 극심한 피부 문제를 해결하는 데도 도움이 될 수 있다.

● 면역력 강화

비타민 D는 면역 체계에 중요하며 햇빛에 지속적으로 노출되면 면역 체계를 강화하는 데 도움이 될 수 있다. 건강한 면역 체계는 질병, 감염, 일부 암 및 수술 후 사망의 위험을 줄이는 데 도움이 될 수 있다. 햇빛은 자가면역 질환을 치료하는 오래된 방법이기 때문에 신체의 면역 체계를 강화하는 데 좋다.

우리 몸은 태양 빛에 노출되면 질병과 싸우는 백혈구 수치가 증가해 외부 감염 요인으로부터 몸을 보호하게 된다. 더불어 혈압을 감소시켜주는 효과도 있다. 햇빛을 받으면 피부에 산화질소가 생성되어 혈관이 확장되는데, 정상 혈압인 사람이 자외선에 노출된 후 혈압이 약 2~5mmHg 낮아지는 효과를 보였다. 이는 심장마비와 뇌졸중 예방으로도 이어진다.

◉ 당뇨병 억제

전문가들에 따르면 비타민 D는 당뇨병을 예방하는 효과가 있다.

이는 신체의 인슐린 생산에 지속적으로 존재하는 비타민 D의 존재 때문이다.

이것은 당뇨병을 피하거나 조절하는 데 도움이 될 수 있다.

2006년 스웨덴 룬드대학과 말뫼대학병원이 주도한 연구에 따르면 어린 시절의 비타민 D 섭취는 제1형 당뇨병 위험을 낮추는 것과 밀접한 관련이 있는 것으로 나타났다.

1) 긴장완화와 정신건강 개선

일광욕을 하면 긴장을 푸는 데 도움이 된다, 근육을 진정시키고 뇌의 인지 발달을 돕는다.

일광욕은 기분과 정신 건강에도 긍정적인 영향을 미칠 수 있다. 햇빛에 노출되면 기분, 식욕, 수면을 조절하는 신경 전달 물질인 뇌의 세로토닌 생성이 증가하는 것으로 나타났다. 세로토닌은 기분을 좋게 하는 특성 때문에 종종 "기분 좋은" 호르몬으로 불린다.

햇빛 노출은 또한 우울증, 불안 및 계절성 정서 장애(SAD) 증상의 감소와 관련이 있다. 이러한 질환을 앓기 쉬운 남성의 경우 일광욕은 기분과 정신 건강을 개선하는 효과적이고 자연스러운 방법이 될 수 있다.

골다공증 등 뼈 건강개선

다시 한번 말하지만, 비타민 D는 체내 칼슘 흡수를 돕고 뼈를 그 어느 때보다 튼튼하게 만들기 때문에 큰 역할을 한다.

비타민 D를 섭취하는 가장 좋은(그리고 가장 쉬운) 방법 중 하나는 밖에서 햇빛에 노출해 있는 것이다. 우리 몸은 햇빛에 노출될 때 비타민 D를 생성하며, 피부가 하얗다면 하루에 약 15분 정도 햇볕을 쬐면 충분하다. 그리고 비타민 D는 신체가 칼슘을 유지하는 데 도움이 되고 뼈가 부서지기 쉽거나 얇거나 기형이 되는 것을 방지한다.

낮은 비타민 D는 골다공증 및 구루병과 같은 질병과 관련이 있으며, 비타민 D의 가장 구체적인 이점 중 하나는 뼈와 치아를 튼튼하게 만드는 것이다. 인간이 비타민 D를 필요로 하는 양은 건강상태에 따라 다르나 일반적으로 성인의 경우 매일 4,000 국제 단위(IU)를 섭취하는 것이 좋다. 칼슘 섭취는 뼈 건강에도 중요하지만, 충분한 햇볕을 쬐면 신체가 칼슘을 흡수하는 데 도움이 된다.

우울증 개선

일광욕을 하면 기분이 좋아지는데, 특히 계절성 정서 장애의 징후가 목격되는 겨울철에 더욱 그렇다. 15분간의 일광욕은 활력이 넘치고 훨씬 더 차분한 느낌을 줄 것이다.

자외선 부족은 계절성 우울증을 유발하는 가장 큰 요인이다. 한낮 기온이 부쩍 따뜻해지면서 산책을 즐기는 이들이 많아졌는데 햇볕을 쬐면 뇌에서 행복과 만족을 느끼게 해주는 세로토닌 호르몬의 분비가 증가해 우울증 완화에 도움이 된다. 직장인이나 학생들처럼 실내에 있는 시간이 많은 경우 점심시간을 이용해 잠시라도 햇볕을 쬐는 것이 계절성 우울증을 예방하는 데 좋다.

- 시력개선

비타민 D, 시력 비타민도 여기에 중요한 역할을 한다. 그러나 더 나은 시력을 위해 태양을 응시할 필요는 없다. 햇볕에 15분만 서 있으면 끝이다.

- 알츠하이머병 예방

미국 의학 협회 저널에 발표된 연구에 따르면, 밝은 빛에 노출된 알츠하이머 환자는 우울증과 건망증 증상이 더 적은 것으로 나타났다.

- 암 예방

비타민 D의 결핍은 각종 암을 유발한다고 알려져 있는데 특히 유방암과 대장암을 증가시킨다. 햇볕을 쬐면 비타민 D가 피부를 통해 체내에 합성되어 각종 암 발병률을 낮춰 준다. 그뿐만 아니라 비타민 D에는 뼈에 좋은 칼슘, 인 등이 함유되어 있어 골격계를 튼튼하게 해주는 일석이조의 효과를 볼 수 있다.

햇빛을 적게 쬐면 적을수록 전립선암 진단을 받을 확률이 높아진다. 과학자들의 연구에 따르면 햇빛 부족은 전립선암의 위험을 증가시킬 수 있다고 한다.

- 스트레스 감소

스트레스 호르몬은 코르티솔(Cortisol)로 알려져 있다. 코르티솔은 식욕을 증가시킬 수 있으며 전문가들은 코르티솔 수치가 높으면 체중이 증가한다고 하였다. 콜로라도 대학의 신경과학센터에서 실시한 연구에서 밝은 빛에 노출되면 코르티솔 수치를 낮출 수 있다는 사실이 밝혀졌다.

멜라토닌은 또한 스트레스 반응성을 낮추고 밖에 있는 것은 신체가 자연적으로 멜라토닌을 조절하는 데 도움이 되어 스트레스 수준을 줄이는 데 도움이 될 수 있다. 또한 밖에 있을 때 활동적인 일(걷기, 놀이 등)을 자주 하기 때문에 추가 운동도 스트레스를 낮추는 데 도움이 된다.

● 체중감량

오전 10시에서 정오 사이에 8분 동안 밖에 나가는 것은 체중 감소와 관련이 있다. 물론 이것에 대한 다른 요인이 있을 수 있지만 이른 아침의 햇빛과 체중감량 사이에는 연관성이 있는 것 같다.

2) 우울증 퇴치

아침 햇살은 우울증을 앓고 있는 사람들에게 도움이 되며 기분과 정신 건강을 개선한다. 햇볕에 덜 노출되기 때문에 계절성 정서 장애(SAD)라고 하는 특정 형태의 우울증이 발생할 수 있다. 주로 겨울이나 가을에 발생한다.

그것은 당신의 머리 속에만 있는 것이 아니다. 햇빛을 쬐면 기분이 좋아지는 과학적 이유가 있다. 햇빛은 신체의 세로토닌 수치를 높여주는데, 세로토닌은 기분을 좋게 하고 침착함과 집중력을 유지하는 데 도움이 되는 화학 물질이다. 자연광에 대한 노출이 증가하면 계절성 정서 장애의 증상을 완화하는 데 도움이 될 수 있다. 이 증상은 일광 시간이 적은 가을과 겨울에 일반적으로 발생한다.

2001년 이탈리아 밀라노 대학교에서 실시한 연구에 따르면 이른 아침 햇빛은 양극성 우울증 환자의 입원 기간을 단축시킬 수 있다. 햇빛이 들어오지 않는 병실의 경우 햇빛이 들어오는 병실에 비해 환자의 입원 기간이 길어진다.

백반증 치유

백반증은 자가 면역 과정에 의해 발생할 수 있으며 약물 또는 자연요법과 함께 자외선(UVA) 노출로 치료된다. 피부에 흰 반점이 생기는 피부 질환이다. 색소 제조 세포의 일부 영역은 이 질병에서 파괴된다.

천식 예방

조절되지 않는 천식이 있는 성인과 어린이는 건강한 사람보다 혈중 비타민 D 수치가 현저히 낮다. 이는 2013년 독일의 스테파니 콘(Stephanie Korn) 박사가 실시한 연구에서 주장한 바 있다. 코르티코스테로이드 증상이나 가래 호산구 증가증이 사람은 비타민 D 결핍증에 걸릴 위험이 더 높다.

체중감량

햇빛의 또 다른 놀라운 이점은 체중 관리에 도움이 된다는 것이다. 일광욕은 실제로 체중 감량을 원할 때 좋다. 고지방 식단을 먹인 쥐는 저용량의 자외선에 노출되었을 때 체중이 감소했다. 그러나 인간에게는 더 많은 정보가 필요하다.

여드름 및 기타 피부 질환 치료

여드름, 건선과 같은 피부 질환, 습진 등은 햇빛의 힘으로 치유할 수 있다. 한 연구에 따르면 헬리오테라피는나는 건선의 증상을 완화하는 데 놀라운 일을 했습니다. 곰팡이 감염은 햇빛으로도 치유할 수 있다.

3) 다발성 경화증 위험 감소

여러 연구에 따르면 고위도에 사는 사람들이 직사광선을 덜 받으면 다발성 경화증의 발병률과 유병률이 높아진다. 고위도에는 북미, 유럽, 그리고 물론 아이슬란드와 같은 지역이 포함된다.

4) 염증 치유

골드스타인 박사에 따르면, 햇빛은 면역 체계의 억제를 유발한다. 자외선을 쬐는 데 많은 시간을 할애하는 것이 처방전은 아니지만, 햇볕은 건선, 습진 및 여드름과 같은 염증성 피부 상태에 도움이 될 수 있다. 햇빛은 또한 관절염 및 염증성 장 질환과 같은 자가면역 질환 개선과 관련이 있다.

7. 일광욕 주의사항

일광욕시 명심해야 할 것은 매우 강한 햇빛 아래에서 일광욕을 해서는 안 된다는 것이다. 태양광선이 더 직접적일 때(오전 10시에서 오후 4시) 열광화상을 입을 가능성이 더 높다. 또한 땀을 흘리기 시작하자마자 멈추고 태양광선에서 멀어져야 한다. 일광욕을 하려면 먼저 젖은 수건으로 머리를 가려야 한다.

속옷을 입거나 가벼운 면 옷을 입어야 피부가 햇빛을 더 잘 흡수할 수 있다. 누워 있거나 햇볕이 잘 드는 곳에 앉아 잠시 휴식을 취한다. 땀을 흘리기 시작하면 태양에서 벗어나 찬물에 몸을 담근다.

바람이 많이 부는 곳에서 일광욕을 피해야 한다. 일광욕 2시간 전부터 아무것도 먹지 않는다.

일광욕 중에 명심해야 할 몇 가지 중요한 사항이 있다.

- 물을 많이 마시고 일광욕 중에 수분을 유지한다.
- 일광욕 중에는 젖은 수건으로 머리를 가린다.
- 일광욕 후 물로 목욕한다.
- 일광욕 직후에는 아무것도 먹지 않는다.
- 2시간 이상 복용해서는 안 된다.
- 심장병을 앓고 있거나 빛에 알레르기가 있는 사람은 일광욕을 해서는 안 된다.

햇볕에 그을린 피부는 매력적으로 보이지만 햇빛에 오래 노출되어 있으면 안전하게 일광욕을 하지 않으면 부정적인 영향을 미칠 수 있다.

신체를 노출해서 일광욕을 할 때는 얼굴 부위는 자외선 차단제 크림을 사용한다.

자외선 차단 크림은 UVA 및 UVB 방사선의 영향으로부터 피부를 보호한다. 그것은 피부의 광노화와 일광 화상을 예방할 것이다. 자외선 차단제 크림, 밤 또는 드라이 오일(예: Soraya Sun Care 라인)을 피부에 골고루 바르고 햇빛에 들어가기 최소 20분 전에 완전히 마사지한다. 목욕과 수건을 한 후 반복하여 하루 종일 효과적인 자외선 차단을 해야 한다.

정오에 강한 햇빛을 피한다.

특히 더운 날씨에는 태양광선이 가장 강한 오전 11:00에서 오후 3:00 사이에 일광욕을 피한다. 다른 계획이 있다면 물 한 병, 선글라스, 헤드 커버, SPF 지수가 가장 높은 자외선 차단제를 잊지 않는다.

햇빛으로부터 머리와 눈을 보호한다.

피부만 햇볕으로부터 보호해야 하는 것은 아니다. 안경원에서 구입한 좋은 선글라스에 활용한다. 슈퍼마켓에서 몇 즈워티에 구입할 수 있는 선글라스가 제공하는 보호 기능은 부족할 수 있다. 시력이 나빠진 경우 교정 선글라스를 구입할 수 있다.

해변에 가면 태양광선을 반사하는 밝은 색상의 모자, 모자 또는 스카프를 가져간다.

과열은 뇌졸중으로 이어질 수도 있다.

두통과 현기증, 심장 박동 증가를 경험하면 즉시 그늘로 대피한다.

8. 태양응시(sun gaze)

가. 태양응시의 역사

신발을 벗고 단단히 자리를 잡았다면, 태양응시는 빠르게 과거의 인기를 되찾고 있는 또 다른 고대 관행이 있다. 아마도 건강하고, 자연스럽고, 실천하기 쉽고, 지속 가능하고, 비용이 들지 않기 때문일 것이다.

태양은 아즈텍, 이집트, 심지어 아시아인과 같은 고대 문화의 사제와 무당에 의해 항상 숭배되고 숭배되어 왔으며, 태양이나 햇빛이 모든 생명의 원천이자 기본 영양소이기 때문에 그럴만한 이유가 있다. 고대인들은 태양이 고귀한 진동을 위해 필수적이라고 생각했는데, 그곳에서는 즐거운 존재 상태나 영적 진보가 자연스럽게 일어나고, 따라서 육체적 변화와 치유에도 도움이 된다고 하였다.

실제로는 태양을 응시하는 기술이 있으며 이것은 마야에서 아메리카 원주민, 그리스인, 이집트인에 이르기까지 많은 고대 문화에 알려져 있으며 오늘날에도 남미, 특히 페루와 안데스산맥의 문화에서 가장 큰 연례 축하 행사는 태양에 전념하는 것이다.

인도에서는 2000여 년 전에 자이나교의 창시자인 마하비라의 가르침과 함께 등장했다. 그리고 최근에는 인도인 히라 라탄 마넥(Hira Rattan Manek)이 태양 응시법(Sun Gazing tech)을 연습하여 1년 이상 지속된 긴 단식을 실천한 덕분에 다시 언급되었다.

히라 라탄 마넥 (Hira Rattan Manek)은 1962년 스리 오로빈도 (Sri Aurobindo)의 아쉬람에 있을 때이 고대 기술의 존재에 대해 배웠다고 주장한다. 1992년간의 연구 끝에 1995년에 그는 그것을 마쳤다.

나. 태양 응시 기술을 수행하는 방법

마넥에 따르면, 명상의 첫 3개월 동안 송과선이 활성화되었다 : 눈으로 통과하는 태양의 에너지는 시상하부에 축적된다.

시상하부는 자율 신경계 (내장 운동성, 수면 각성 리듬, 체온, 식욕, 감정 상태)와 내분비계를 조정하고 옥시토신을 생산한다. 이 물질은 때때로 "사랑의 호르몬"으로 정의되어 우리를 차분하고 자신감 있고 공감하게 만든다.

반면에 송과선은 자극을 받으면 멜라토닌과 세로토닌을 분비하는데, 이 두 호르몬은 수면/각성 주기와 마음의 긍정적인 상태를 조절한다. 멜라토닌은 또한 노화의 영향을 줄이는 강력한 항산화제이다.

펜실베이니아 대학교와 토마스 제퍼슨 대학교에서 실시한 연구에 따르면, 태양 관찰을 하는 사람들의 송과선은 정상인보다 상당히 커진다.

그 후 44개월 동안, 태양 에너지는 모든 뇌세포를 충전하고, 그 다음에는 신체의 모든 세포를 충전한다. 햇볕에 노출되면 비타민 D 섭취가 증가하여 면역 체계, 신경계의 균형, 칼슘 섭취 및 뼈 건강도 개선된다.

불변성이 필요하지만 매우 간단한 관행이다.

태양응시를 하루 30분씩 44개월까지 계속하면 질병이 사라진다고 한다. 이것이 목표인 경우 유지 관리 부분으로 넘어 간다.

약 44개월 동안 계속하면 목표 시간인 45분에 도달하게 된다. 어떤 경우에도 초과해서는 안 되는 한도이다. 이쯤 되면 배고픔의 자극도 사라져야 한다.

원하는 지점에 도달하면 유지 관리 부분으로 이동한다.

태양은 직간접적으로 모든 생명, 특히 육체에 에너지를 공급하고, 영양을 공급하고, 재충전하고, 활력을 불어넣는다. 우리가 햇볕이 내리쬐는 야외 활동, 특히 햇볕이 내리쬐는 해변 휴가를 즐기는 이유에 대해 생각해 본다. 태양은 우리의 기분에 영향을 미칠 수 있다. 우리는 일반적으로 햇볕에 노출될 때 (소량일지라도) 행복하고 건강하다고 느끼며, 흐리고 회색이며 비가 오는 날이 며칠 연속되면 우울하다.

햇빛이 거의 들지 않는 지역에 사는 사람들은 SAD(계절성 정서 장애)라고도 알려진 우울증의 일종인 '겨울 우울증'을 앓고 있으며 종종 광선 치료가 필요하다. "비타민 D, '햇빛 비타민'은 신체에 중요한 영양소이다. 비타민 D는 태양을 통해서만 체내에서 생산된다"라고 Paula Begoun은 말했다. 비타민 D 보충제는 직사광선을 대체하기에는 역부족이다.

매일 햇볕을 쬐는 연습은 신체에 필요한 기 또는 프라나(생명력 에너지)를 제공하고 눈을 통해 흡수되면 스트레스, 걱정, 불안, 두려움, 분노, 슬픔 등을 줄이는 데 도움이 될 수 있다. 인도의 히라 라탄 마넥(Hira Ratan Manek, HRM)에 따르면, 태양 관찰은 수련 후 첫 3개월(최대 15분) 이내에 감정의 균형을 잡을 수 있고, 3~6개월(15~30분) 이내에 질병을 치유할 수 있으며, 6~9개월(30~44분)부터는 많은 양의 음식을 섭취해야 할 필요성을 조절할 수 있다고 한다. 분명히 이러한 결과는 사람마다 다르며 연습 장소와 일상 연습의 일관성에 따라 다르다.

태양응시(Sun Gazing)에 대한 기사에서Carolanne Wright는 다음과 같이 썼다: "과학적 연구는 태양 응시의 이점을 뒷받침한다. 글로벌 힐링 센터(Global Healing Center)의 에드워드 F. 그룹 III(Edward F. Group III) 박사에 따르면, 이 시술의 몇 가지 장점에는 멜라토닌과 세로토닌 생성 향상이 포함된다. 연구에 따르면 직사광선이 눈에 들어오면 망막 시상하부를 통해 뇌로 계속 들어간다. 그런 다음 송과선이 자극되어 멜라토닌과 세로토닌을 모두 분비하는데, 이 두 호르몬은 각각 수면/각성 주기와 긍정적인 마음 상태를 조절한다. 멜라토닌은 또한 노화의 악영향을 늦추는 강력한 항산화제이다.

태양 응시의 효과를 보면 송과선 크기 증가, 더 많은 에너지의 흡수 등이 있다.

태양 응시의 효과는 다음과 같다.

- 송과선 크기 증가

불소, 독소 및 전자기 오염으로 인해 송과선은 나이가 들면서 수축되고 석회화되어 멜라토닌과 세로토닌 생성을 방해한다. 일광욕은 땀샘을 확대하는 것으로 나타났다. 70세의 장기 개업의사의 뇌를 스캔한 결과, 보통 남성의 3배나 되는 송과선이 발견되었다.

- 더 많은 에너지

태양을 관찰하는 사람들은 활력이 높아졌다고 보고 한다. 닥터 그룹은 이것이 멜라토닌과 세로토닌의 방출 때문이라고 믿는다. 일광욕은 또한 식욕을 억제하고 체중 감량에 도움이 된다. 햇빛을 충분히 받지 못하면 비타민 D 수치가 떨어져 체중이 증가한다. 세로토닌 수치가 낮아 탄수화물과 설탕에 대한 갈망도 증가하여 잘못된 배고픔 신호를 유발한다. 이 연습의 이점은 상당하지만 모든 사람에게 적합한 것은 아니다. 그룹 박사가 지적하듯이, "태양 응시는 매우 개인적인 것들인 영적, 심리적 영역을 건드리는 흥미로운 관행이다. 사람마다 조금씩 다르게 연결되어 있다. 성찬을 취하기로 결정했다면, 스스로 조사하고, 조심하고, 경험을 기록한다." 지금쯤 분명하지 않다면 태양 응시는 전부는 아니지만, 일부 사람들에게는 스트레스 감소를 위한 이상적인 일상 습관일 수 있다. 다음은 몇 달 동안 태양을 바라보며 부정적인 부작용 없이 하루에 45분에 도달한 후 개인적인 피드백이다. 긍정적인 효과는 수면 부족과 음식 섭취 감소, 스트레스, 걱정 및 두려움이 확실히 줄어든 것이다.

다. 태양응시 연습방법

태양이 지평선 위로 떠오르는 첫 시간 이내 또는 해가 지기 전 마지막 시간 내에 지평선 너머로 이동하는 태양을 직접 응시한다.

맨발로 지구에 서서 단 10초 동안 태양을 똑바로 바라보는 것으로 태양을 바라보는 첫날을 시작하는 것이 중요한다. 그런 다음 하루에 10초 단위로 (1일차) 10초, (2일차) 20초, (3일차) 30초, (4일차) 40초, (5일차) 50초, (6일차) 60초(1분) 등으로 하루 최대 44분에 도달할 때까지 쌓아 올리며, 매일 방해받지 않고 햇빛을 쬐는 경우 약 9개월이 걸릴 수 있다.

매일 태양 응시를 연습하면 약 3개월 이내에 15분, 약 3~6개월 이내에 15~30분, 약 6~9개월 이내에 30~44분에 도달하게 된다.

보다 구체적인 태양응시 방법은 다음과 같다.

- 일출 후 30분 이내, 일몰 30분 전에 연습한다.
- 가능하면 맨발로 땅, 해변, 잔디, 흙에서 하는 것이 가장 좋다. 이것은 당신을 땅에 접지시켜 효과를 증폭시킨다.
- 콘택트렌즈나 안경을 벗는다.
- 유리가 파장을 걸러내기 때문에 창문을 통해 태양을 바라보지 않는다.
- 천천히 시작하되 눈이 서서히 적응할 수 있도록 한다. 10초 동안 태양을 똑바로 쳐다보면 매일 느려진다.
- 30분을 넘지 않도록 빌드하고 10~15분 정도가 좋은 목표이다.
- 태양이 너무 밝으면 약간 떨어져서 양쪽, 위 또는 아래로 약 15도 정도 멀리 본다. 밝기에 적응하면 결국 직접 응시할 수 있다.

- 흐린 날에도 태양은 여전히 이점을 제공한다. 태양이 구름 뒤에 있는 위치를 응시한다.
- 매일 명상 수행의 일환으로 태양을 향하여 의식의 영적 이점을 활용한다.

라. 태양응시에 엄격하게 지켜야할 사항

처음 두 가지 규칙은 불필요한 햇빛 손상으로부터 눈을 보호하는 것이다.

- 매일 태양 관찰 활동을 하루에 10초 이상 늘리지 않는다.
- 일출 1시간 이후 또는 일몰 마지막 시간 전에 완전한 태양을 응시하지 않는다. 이러한 특정 시간 동안 일광욕은 UV(자외선) 광선이 최소화되어 안전한 것으로 간주되기 때문에 필요하다.
- 맨발로 맨땅에 서서 태양을 바라본다. 시멘트, 벽돌 또는 잔디 위에 서지 않는다. 맨땅은 효과적인 태양 관찰에 가장 적합하다.
- 태양응시는 모든 사람에게 권장되는 것은 아니며 실제로 전혀 권장되지 않는다. 스스로 철저한 조사를 하고, 자신을 100% 만족시키고 자신의 행동과 선택에 대해 완전한 책임을 진다.

마. 태양 응시 기술의 금기 사항

모든 일에서 우리는 서두르지 않고 인내심을 가져야 하기 때문에 이 기술은 망막 손상을 피하기 위해, 즉시 과장할 수 없는 점진성과 양심이 필요하며 어쨌든 통증이나 눈의 화끈거림의 첫 번째 느낌부터 이 기술을 포기하는 것이 가장 좋다.

남미에서 태양의 에너지에 빨려 들어갈 수 있기 때문에 태양과 사랑에 빠지지 말아야 한다고 말했듯이 특정 초연함을 유지해야 한다. 이것은 우리가 잘못 도취되어 우리의 몸이나 마음을 혼란에 빠뜨릴 수 있다는 것이다.

9. 비타민 D가 풍부한 버섯 만드는 방법

먹기 전에 버섯을 햇빛에 직접 노출하여 비타민 D 수치를 높인다.

"버섯에 내리쬐는 햇빛은 버섯을 비타민 D 공장으로 바꾼다."

비타민 D는 면역 체계를 강화하고 인체 대사에 중요한 역할을 하는 필수 비타민이다. 맛있는 버섯은 비타민 D의 공급원 중 하나이며, 햇빛에 노출시킴으로써 자연적으로 비타민 D 수치를 높일 수 있다.

우리는 오늘날보다 더 많은 햇빛 속에서 살면서 진화했다. 우리 몸은 햇빛이 피부 세포에 닿을 때 스스로 비타민 D를 만든다. 그러나 북반구에 사는 많은 사람은 가을, 겨울, 봄에 비타민 D 수치가 낮아진다. 다행히도 비타민 D가 풍부한 버섯을 햇빛에 노출시키기만 하면 직접 만들 수 있다. 수퍼에서 구입하거나 집에서 재배한 표고버섯, 잎새버섯, 기타 여러 종의 버섯을 사용할 수 있다. 집에서 재배한 유기농 표고버섯을 선택하면 좋을 것이다. 생성된 높은 비타민 D 수치는 1년 이상 지속된다. 놀랍게도, 얇게 썰어 말린 버섯(전년도에 딴 야생 버섯 포함)도 햇볕 아래 야외에 두면 비타민 D가 급증한다. 이제 6월부터 9월까지의 여름철은 북반구 사람들이 비타민 D가 풍부한 버섯을 만들기에 가장 좋은 계절이다. 비타민 D는 면역체계를 강화하고 인간의 신진대사에 중요한 역할을 하는 필수 비타민이다. 맛있는 버섯이 비타민 D의 한 공급원이며, 햇빛에 노출시키면 자연적으로 그 수준이 증가할 수 있다는 사실을 알고 있다.

많은 의사들은 낮은 수준의 비타민 D를 심각한 의학적 전제 조건으로 간주한다. 극단적인 경우 비타민 D 결핍은 구루병과 같은 질병을 유발할 수 있다. 암과 같은 잠행성 질병은 면역이 완화된다. 적절한 비타민 D 수준이 없으면 면역 체계가 손상된다. 이것이 바로 FDA가 50세 이상의 성인에 대해 권장하는 일일 섭취량(DV) 용량인 400IU에 비해 암 환자에게 최대 4,000~10,000 국제 단위(IU)까지 높은 일일 비타민 D 용량을 처방하는 경우가 많은 이유이다. 그렇게 많은 양(40IU는 1마이크로그램과 동일)을 복용하기 전에 의사와 상담해야 한다.

미국 국립과학원(National Academy of Sciences) 산하 의학 연구소(Institute of Medicine)의 새로운 권장 사항은 70세 이하의 사람은 하루 복용량을 600IU, 70세 이상의 사람은 800IU로 늘린다. 많은 자연요법사와 의사는 최소 1,000IU를 섭취할 것을 제안한다. Journal of Clinical Endocrinology & Metabolism의 2012년 보고서는 8개의 임상 연구 결과를 종합하여 3년 동안 1,000IU의 비타민 D와 1,000mg의 칼슘을 함께 복용한 노인들이 사망률이 7% 감소한 것으로 나타났다(Rejnmark , 2012). 비타민 D 버섯을 섭취하지 않을 때, 특히 여행할 때, 일주일에 여러 번 또는 기억할 때 매일 1,000 IU 야생 홍연어 비타민 D3/오메가 3 제품을 섭취하게 된다.

상업적으로 흔한 비타민 D 공급원은 양털(라놀린), 돼지가죽, 일부 기름진 생선(고등어, 정어리, 멸치, 청어, 송어, 연어)에서 나오는 비타민 D3(콜레칼시페롤)이다. 버섯과 동물의 가죽은 햇빛에 노출되면 비타민 D를 생성한다.

버섯에는 비타민 D 전구체인 에르고스테롤이 풍부하며, 이는 자외선 B(파장 290nm~315nm 사이)가 프로비타민 D2라고도 불리는 에르고칼시페롤로 전환된다. 유방 표피에는 자외선이 D3로 전환되는 콜레칼시페롤이 있다.

New England Journal of Medicine은 비타민 D2와 비타민 D3의 대사 경로를 비교하는 철저한 기사를 발표했다(Holick, 2007). 우리의 효소는 두 가지 비타민 D를 모두 25-하이드록시비타민 D로 변환한 다음 신장에서 활성 형태의 1,25-디하이드록시비타민 D로 변환한다.

이 형태의 비타민 D는 신체 주변의 다양한 조직에 있는 수용체에 결합하여 사용할 수 있다. 비타민 D3의 한 가지 장점은 섭취 후 수명이 길다는 것이다. 즉, 비타민 D2의 며칠에 비해 몇 주 동안 혈류에 머무르게 된다. 그러나 일주일에 여러 번 비타민 D 보충제를 복용하는 사람들의 경우, 한 가지 형태를 복용해도 큰 이점이 없는 것 같다.

또한, 비타민 D2가 함유된 버섯을 섭취하면 다른 많은 건강상의 이점도 얻을 수 있다. 버섯에는 면역력 강화를 위한 베타 글루칸, 항산화 강화를 위한 에르고티오네인, 뇌 기능을 돕는 신경 성장 자극제, 바이러스를 제한하는 항균 화합물 등 많은 유용한 영양소가 들어 있다.

양이나 돼지의 가죽으로 비타민 D3를 직접 만드는 것이 가능할 수도 있지만 이는 다소 끔찍하고 기술적으로 어렵다. 생선에서 비타민 D3를 섭취하는 것은 채식주의자에게는 선택 사항이 아니다. 버섯의 비타민 D는 완전 채식주의자 및 채식주의자 친화적일 뿐만 아니라 버섯을 여름 태양에 노출시켜 직접 준비할 수도 있다. 실내에서 재배되는 버섯에는 비타민 D가 거의 없지만 과다하게 생산될 가능성이 높다.

다음은 워싱턴 주 Kamilche Point에서 어느 여름 오후에 수행한 간단한

실험이 있었다. 우리는 시작 수준이 100IU/100g인 여러 가지 형태의 유기농 재배 표고버섯을 비교했다. 같은 작물에서 나온 세 가지 버섯 세트의 비타민 D 수준을 비교했다.

첫 번째 세트는 실내에서 재배되고 건조되었다.

두 번째 세트는 야외에서 아가미가 아래를 향하게 하여 햇빛에 건조시켰다.

세 번째 세트는 햇볕에 완전히 노출되도록 아가미가 위쪽을 향하게 하여 햇빛 아래 야외에서 건조되었다.

비타민 D가 가장 많이 발견된 것은 아가미를 올려 말린 표고버섯을 하루 6시간씩 이틀 동안 햇빛에 노출시킨 것이었다. 이 버섯의 비타민 D 수치는 100IU/100g에서 거의 46,000IU/100g으로 치솟았다(차트 참조). 하지만 줄기에서는 비타민 D가 약 900IU 정도로 아주 적게 생산되었다. 특히, 비타민 D 수치는 3일째에 떨어졌는데, 이는 아마도 자외선에 대한 과다 노출 때문일 것이다.

나에게 가장 흥미로운 점은 버섯에 노출된지 거의 1년 후에 테스트했을 때 버섯에 상당한 양의 비타민 D2가 보존되어 있다는 것이다. 나는 다른 연구자들의 보고서와 일치하여 처음에는 값이 훨씬 더 높지만 시간이 지남에 따라 점차적으로 떨어지는 것으로 생각한다. 이는 버섯에서 비타민 D를 포착할 수 있고 가을, 겨울, 봄 내내 이 중요한 비타민과 맛있는 버섯을 쉽게 섭취할 수 있다.

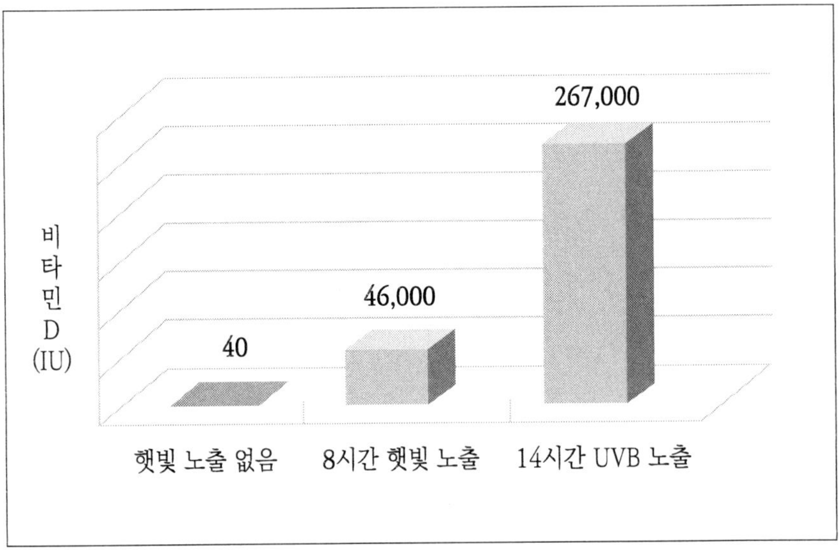

신선한 버섯 100g이 햇빛을 통해 얼마나 많은 비타민 D를 만들 수 있나? 버섯을 건조하고 분쇄한 다음 UVB 조명 램프에 노출하면 훨씬 더 많다.

주의할 점은 UVB 조명 램프를 사용하면 눈과 피부가 손상될 수 있다. 필요한 예방 조치를 취하지 않고 이 작업을 시도하면 안 된다. Penn State University의 Robert Beelman은 고강도 UV 광선을 펄스하면 비타민 D를 생성할 수 있다는 사실을 알게 된 선구자 중 한 명이다(또한 버섯의 표면 살균도 가능한다.). 그의 작업 덕분에 UV에 노출된 버섯을 식료품점에서 점점 더 많이 구입할 수 있게 되었다. 빛에 노출되지 않은 표고버섯, 아가미를 위로 향한 채 햇빛에 노출된 표고버섯, 얇게 썬 후 지속적으로 UVB 빛에 노출된 표고버섯의 비타민 D 농도 순위를 매겼을 때 그 결과는 인상적이었다. 즉, 햇빛에 비해 UVB 빛을 쬐었을 때 6배 이상 증가했다. 이러한 결과는 의미가 있다. 버섯을 자르면 에르고스테롤이 풍부한 표면적이 더 많이 노출된다. 실내 자외선은 햇빛보다 더 강렬했다. 이들의 조합으로 인해 더 많은 비타민 D가 생성되었다.

거꾸로(아가미가 위로) 표고버섯에 최대 12시간 동안 햇빛을 노출시키면 46,000IU의 비타민 D가 생성되지만, 얇게 썬 표고버섯은 표면적이 증가하므로 더 많은 양의 비타민 D를 제공할 것이라고 확신한다. 그러나 태양은 UVB의 편리한 소스인 반면 UVB 광 챔버를 설정하는 것은 그렇지 않다.

〈 비타민 D 함량이 많은 버섯을 만드는 방법〉

1) 신선한 유기농 표고버섯, 잎새버섯, 단추, 굴, 시메지 또는 기타 버섯을 준비한다.
2) 6, 7, 8월의 화창한 날에 신선한 버섯을 썰어준다. 오전 10시부터 오후 4시까지 햇빛에 직접 노출되는 트레이 위에 고르게 놓는다.
3) 밤이 되기 전에 버섯을 판지로 덮어 이슬로 인한 습기를 차단한다.
4) 다음 맑은 날에는 오전 10시부터 오후 4시까지 태양에 반복 노출된다.
5) 버섯을 제거하고 건조를 마무리한다(필요한 경우 식품 건조기에서 바삭해질 때까지).
6) 완전히 건조되면 유리병이나 밀봉용기에 담아 보관한다. 수분 흡수제로 생쌀한 스푼을 추가하면 버섯을 건조하게 유지하는 데 도움이 됩니다. 버섯은 조건에 따라 1년 이상 보관해야 한다.
7) 1인당 하루 10그램씩, 한 줌 정도 섭취한다. 1시간 동안 물에 담근다. 버섯이 부풀어 오를 것이다. 그런 다음 원하는 대로 요리한다.

자연스러운 질문은 버섯 섭취로 인한 비타민 D 중 얼마나 많은 양이 혈류로 유입되는가 하는 것이다. 비타민 D2 보충제를 복용한 26명과 비타민 D가 풍부한 버섯을 5주 동안 일주일에 4회 섭취한 다른 26명을 비교한 결과, 독일 프리부르크 대학 의료 센터의 연구원들은 비타민 D의 혈청 수치가 유사하다는 사실을 발견했다. 그들은 UV 광선에 노출된 양송이버섯을 사용하여 20,000IU/100g의 비타민 D를 얻었다.

피험자들은 비타민 D가 풍부한 버섯 120g(약 24,000IU)을 섭취했는데, 이는 약 1/4파운드, 대략 한 줌 정도이다. 그 결과, 알약 형태의 보충제를 섭취한 그룹과 갓 요리한 버섯을 수프에 넣은 그룹 모두에서 비슷한 수준의 비타민 D가 혈액에 흡수되는 것으로 나타났다. 연구가 끝날 때 두 그룹 모두의 혈청 비타민 D 수치는 건강한 기본 수준으로 증가했다.

많은 의료 종사자들의 일반적인 합의는 혈청 수치는 25-하이드록시비타민 D가 50~125nmol/L가 되도록 비타민 D를 보충해야 한다는 것이다. 혈청 수치가 125를 초과하므로 과잉 보충을 피하기 위해 주의를 기울여야 한다.

버섯은 훌륭한 비타민 D 공급원일 뿐만 아니라 건강을 유지하고 개선할 수 있는 많은 기회를 제공한다. 재배된 버섯을 노출시키든, 야생에서 수확한 식용 식품을 노출시키든 둘 다 빛에 노출되면 비타민 D가 가득 차게 된다. 버섯은 정말 수퍼푸드이다.

제3장

농촌 치유자원을 활용한 농촌치유프로그램
농특산물 족욕, 농촌 일광욕, 접지맨발걷기

농촌 자연환경을 활용한 접지맨발걷기 치유프로그램

제3장. 농촌 자연환경을 활용한 접지맨발걷기 치유프로그램

1. 접지맨발걷기의 필요성

많은 사람이 야외로 나가기 전에 신발 끈을 묶는 데 너무 익숙하다. 하지만 가끔 그 신발을 두고 가면 실제로 기분이 나아질 수 있다. 그러나 인간은 지구에서 점점 더 멀어졌다.

역사적으로 인간은 땅에서 걷고, 앉고, 잠을 자고, 맨손으로 땅을 경작하고, 많은 시간을 자연스럽게 땅을 밟았다. 그러나 오늘날 우리는 현대 생활 방식으로 인해 자연과 점점 더 단절되고 있다. 우리 조상의 전도성 가죽 밑창 신발은 절연 고무와 플라스틱으로 대체되었다.

우리는 침대와 집에서 잠을 잔다. 플라스틱, 합성 섬유, 아스팔트, 타르, 카펫, 비닐이 모두 도입되어 이러한 자연스러운 연결을 차단한다. 여기에 덧붙여, 우리는 또한 가전제품, 휴대 전화, Wi-Fi, 전자레인지 및 셀 타워에서 나오는 부자연스러운 인공 전자 방사선의 바다에 빠져 있으며, 이는 조직과 세포에 과도한 자유 라디칼 손상으로 지속적으로 우리를 폭격한다.

지구의 에너지는 이러한 과도한 자유 라디칼을 쓰러뜨리는 데 도움이 되어 신체가 의도한 대로 자연적으로 치유되고 복구될 수 있다. 따라서 건강을 유지하려면 현대 생활 방식의 해로운 영향을 막기 위해 매일매일 자연 에너지와 다시 연결하는 것이 필수적이다.

접지맨발걷기 매니아들은 우리의 몸을 진정시키고 스트레스를 관리하는 데 도움이 되며 심지어 더 창의적으로 되는 데 도움이 될 수 있다고 한다. 그리고 우리는 자연 속에 있는 것만으로도 불안 감소, 심박수 감소, 입원 기간 단축 등 다양한 신체적 이점을 얻을 수 있다는 것을 알고 있다.

국제 환경 연구 및 공중 보건 저널에 발표된 접지맨발걷기의 포괄적인 리뷰는 자연에서 더 많은 시간을 보내게 되면 많은 신체적, 정신적 이점에 대해 자세히 설명하고 있다.

매일 접지맨발걷기를 하면 중추신경계를 지원하고 스트레스를 줄이며 수면을 개선하고 통증을 줄이고 삶의 질을 향상시킬 수 있다고 한다. 따라서 우리 인간의 건강과 치유를 위해서 접지맨발걷기는 매우 중요하며 실천해야 한다.

2. 접지의 이해

수년간의 광범위한 연구에 따르면 풀, 모래, 흙 또는 바위 위를 맨발로 걸으면서 지구의 자연 에너지에 연결하면 오늘날 많은 사람을 괴롭히는 만성 통증, 피로 및 기타 질병을 줄일 수 있다. 이 연결을 접지라고 한다.

간단히 말해서 맨발이나 피부가 땅에 닿으면 자유 전자가 몸 안으로 흡수된다. 이 전자는 자연의 가장 큰 항산화제라고 할 수 있으며 신체의 염증과 질병을 유발할 수 있는 과도한 자유 라디칼을 중화하는 데 도움이 된다. 지구는 전도체 또는 자유 전자이며 우리를 포함하여 지구상의 모든 생명체도 마찬가지이다. 몸은 대부분 물과 미네랄로 구성되어 있으며, 이 조합은 지구에서 전자의 우수한 전도체로 구성되어 직접적인 피부 접촉 또는 다른 전도성 채널이 통과할 수 있다.

지구의 에너지는 신체가 대처하고 회복할 수 있도록 하여 웰빙, 활력 및 더 나은 수면을 촉진함으로써 생리학을 업그레이드한다. 또한 신체의 기본 생물학적 리듬을 조화시키고 안정화 시키며 만성 염증을 없애고 관련 통증을 줄이고 제거하여 가장 자연스럽고 강력한 항염증 및 노화 방지 치료제이다. 나이, 성별, 인종 또는 건강 상태와 관계없이 매일 접지(Earthing)를 하게 되면 혜택을 볼 수 있다.

3. 접지맨발걷기의 치유원리

노벨물리학 수상자 리처드 파인만 박사는 모든 것은 원자로 이루어졌다고 하였다. 인간의 몸을 비롯해 세상의 만물들은 원자로 구성되어 있다. 세상이 종말의 폐허가 되어도 남아 있는 것이 원자이며, 인간의 재생의 단서도 원자에 있다는 의미일 것이다.

이와 마찬가지로 우리의 몸이 치명적인 병으로 건강을 잃었을 때 치유의 시작도 원자에 있다고 볼 수 있다. 우리는 우리의 몸이 원자로 이루어져 있다는 것을 인지하기 힘들다.

원자는 인간의 감각으로 감지될 수 없는 양자적 미시적 영역이기 때문이다.

인간이 눈에 보이지는 않지만, 우리 몸이 원자로 되어 있다는 점을 부인할 수 없다. 우리 몸을 구성하고 있는 원자에 대해서 알아보면 원자는 그 중심에는 양성자와 중성자로 되어 있는 원자핵과 그 핵을 감싸듯이 움직이고 있는 전자로 구성되어 있다. 음전하를 띠고 원자핵 주위를 도는 전자는 2개 쌍으로 이룰 때 안정된 구조가 유지되는데 쌍으로 이루어져야 할 전자가 어떤 요인으로 전자를 하나 잃어버리면 매우 불안정한 상태가 되는데 전자가 쌍을 이루지 못하고 홀로 남은 구조를 프리 래디컬(Free Radical)이라고 한다.

1개의 전자가 떨어져 나가 전자가 결핍되면 원자가 매우 불안정해서 공격적 성향으로 변하게 된다. 우리 인간도 소중한 것을 잃었을 때 심리적으로 불안정하고 스트레스가 오며 행동은 공격적으로 변하게 되는 것과 같은 이치라고 할 수 있다. 많은 프리래디칼 중에 전자에 대한 집착이 강해 공격적인 것이 활성산소이다. 양전자를 띤 활성산소는 짝을 잃은 전자를 되찾기 위해 정상세포에 있는 원자에서 전자를 빼앗는데 그것이 바로 산화이다.

전자를 빼앗긴 원자는 다시 프리래디칼 상태가 되어서 또 다른 원자를 공격한다. 이러한 약탈현상이 연쇄적으로 일어나면 세포의 손상이 오고 돌연변이를 일으킵니다. 이러한 세포의 돌연변이는 우리 몸의 녹슬게 하고 노화를 촉진하고, 모든 질병의 90%는 이 활성산소가 원인이라고 한다.

그렇다면 우리 몸이 건강해지려면 공격적인 활성산소를 진정시켜서 순하게 만들어야 한다. 그리고 활성산소를 진정시키려면 짝을 잃은 전자를 보충하고 산화를 방지하는 데 도움이 되는 항산화제를 보충해야 한다. 그러나 활성산소를 없애기 위해서는 비타민E, 비타민C, 요산, 빌리루빈, 글루타티온, 카로틴 등의 항산화물질을 자연적인 요법으로 섭취하면 효과적이다.

하지만 살아가면서 음식물 등을 통해 섭취하는 항산화물질은 매우 제한적일 수밖에 없고, 그래서 과잉된 활성산소는 암과 고혈압, 고혈당은 물론 치명적인 심혈관질환, 치매, 알츠하이머 등 수많은 질병으로 인류의 삶을 고통과 죽음 속으로 밀어 넣고 있다.

따라서 의학계는 그러한 치명적인 질병의 근본 원인인 활성산소를 제거하는 연구를 지속할 필요가 있다. 활성산소를 효과적으로 줄이고 더 나아가 소멸시킬 수 있느냐가 바로 우리 인류를 그러한 무서운 질병들로부터 구원할 수 있느냐의 핵심 관건이기 때문이다.

사람의 신체는 전기적으로 작동한다. 모든 세포는 심장, 면역 체계, 근육 및 신경계와 같은 여러 주파수를 전송한다.

간단히 말해서 맨발이나 피부가 땅에 닿으면 자유 전자가 몸 안으로 흡수된다. 이 전자는 자연의 가장 큰 항산화제라고 할 수 있으며 신체의 염증과 질병을 유발할 수 있는 과도한 자유라디칼을 중화하는 데 도움이 된다. 지구는 전도체 또는 자유 전자이며 우리를 포함하여 지구상의 모든 생명체도 마찬가지이다. 몸은 대부분 물과 미네랄로 구성되어 있으며, 이 조합은 지구에서 전자의 우수한 전도체로 구성되어 직접적인 피부 접촉 또는 다른 전도성 채널이 통과할 수 있다.

지구의 에너지는 신체가 대처하고 회복할 수 있도록 하여 웰빙, 활력 및 더 나은 수면을 촉진함으로써 생리학을 업그레이드한다. 또한 신체의 기본 생물학적 리듬을 조화시키고 안정시키며 만성 염증을 없애고 관련 통증을 줄이고 제거하여 가장 자연스럽고 강력한 항염증 및 노화 방지 치료제이다. 나이, 성별, 인종 또는 건강 상태와 관계없이 매일 접지맨발걷기를 하면 치유적 효과를 기대할 수 있다

인간은 본질적으로 전기적 존재이다 - 우리는 심장을 뛰고, 혈액을 펌프질하고, 몸 전체에 수많은 화학 반응을 수행하기 위해 전기가 필요하다. 대부분

물과 미네랄이기 때문에 우수한 도체도 만든다. 그리고 다행스럽게도 우리는 평온하고 만족스럽고 건강하게 유지하는 데 필요한 정확한 주파수, 즉 지구에 맞춰진 거대한 전기 에너지원에 앉아 있다.

지구는 수십억 개의 자유 전자를 보유하고 있으며, 피부 접촉을 통해 물리적으로 지면에 연결되어 있는 한 자유롭게 흡수할 수 있다. 지구는 수천 번의 번개, 태양 복사 및 행성의 내핵에서 생성된 깊은 에너지를 통해 이 전기 에너지를 생성한다.

고대 문명은 전자에 대해 아무것도 몰랐지만, 항상 지구의 치유력을 인식했다. 그들은 인간의 건강이 지구의 순환 및 자원과 공존한다는 것을 알고 있었다고 한다.

4. 인체접지맨발걷기 연구사례

카롤 소칼과 파벨 소카의 인체 접지의 생리적 과정에 대한 연구결과를 아래와 같이 제시하고 있다.

야간 휴식 중 전기적으로 절연된 인간 유기체의 접지는 철, 이온화 칼슘, 무기 인의 혈청 농도를 낮추고 칼슘과 인의 신장 배설을 감소시킨다. 야간 휴식 중 접지는 유리 트리 요오드 티로닌을 감소시키고 자유 티록신과 갑상선 자극 호르몬을 증가시킨다. 인체의 지속적인 접지는 당뇨병 환자의 혈당을 감소시킨다.

접지는 나트륨, 칼륨, 마그네슘, 철, 총단백질 및 알부민 농도를 감소시키는 반면 트랜스페린, 페리틴 및 글로불린 $\alpha 1$, $\alpha 2$, β 및 γ의 수치는 증가한다. 카롤 소칼과 파벨소카의 인간 유기체의 접지는 생체 전기과정에 영향에 대한 연구에서 지구 질량에 의한 인간 유기체의 전기 환경에서 상하 운동과 전위 제거가 생체 전기 및 생체 에너지 과정의 조절에 근본적인 역할을 할 수 있다고 하며, 지구의 전자기 유체역학적 잠재력이 작동한다고 한다.

누워 있는 자세에서 발굴된 인간 유기체에서 검사 지점에서 측정된 전위는 약 0mV였다. 인체의 축축한 표면과 구리 도체에 의한 접지의 접촉은 신체와 정맥혈의 정전기 전위가 약 -200mV의 값으로 급격히 감소하였다. 지구와의 접촉이 중단되면 전위가 검사 된 지점의 초깃값으로 빠르게 돌아가게 되며, 정맥혈과 혀의 점막에서 측정된 전위의 변화는 수성, 전기 환경의 전위 변화를 반영한다. 절연된 인간 유기체의 상하 운동은 인체 전기 환경에서 일시적인 전위 변화를 일으킨다. 동일한 움직임 동안 접지된 인체의 전기적 환경에서 전위 값은 일정하게 유지되게 된다. 또 다른 연구에서는 접지의 신경조절 역할을 하는 것으로 나타났다.

신경 조절은 말초, 중추 또는 자율 신경계에서 전기적, 화학적으로 활동의 억제, 자극, 수정 및 조절 또는 치료적 변화의 과정이다. 직류 또는 전기장은 신경계의 기능을 대체한다. 인체 유기체를 직접 또는 전선 도체를 통해 지구와 결합하면 신체 표면뿐만 아니라 내부의 전위가 변화하여 인체 유기체의 전기 환경의 전위가 변화한다. 접지는 맨발로 지구와 직접 접촉하거나 수면 또는 일상 활동 중에 인체에 부착된 전도성 와이어를 사용하여 지구와 접촉하는 것을 말한다.

접지하는 동안 이 전위는 지구의 전위와 같으며 그 값은 위치, 시간, 대기 조건, 지구 표면의 수분에 따라 다르다. 인체의 전기 환경에서 음전하의 밀도를 변화시키는 접지는 생리적 과정에 영향을 미친다. 우리의 의학적 가설에 따르면 지구와의 접촉(접지)은 직접 또는 전도성 와이어를 통해 신경계가 유기체 및 주변 환경의 요구에 더 잘 적응할 수 있도록 하는 신경 조절 인자(아마도 일차적 요인)의 역할을 한다.

그것은 유기체와 신경계의 전기적 환경의 자연적이고 전기적인 상태를 회복하는 데 도움이 된다.

접지는 뇌파 검사(EEG), 표면 근전도(SEMG) 및 체성 감각 유발 전위(SSEP)에 즉각적인 변화를 일으킨다. 우리는 인간 유기체의 생체 전기 환경에 대한 복잡한 작용과 전해질 농도의 변화를 통해 접지가 신경계의 올바른 기능을 조절한다는 가설을 세웠다. 접지는 뇌의 전기적 활동에 큰 영향을 미친다.

제임스 엘 오쉬만 등의 접지가 염증, 면역반응, 상처치유, 만성염증성 및 자가면역 질환의 예방 및 치료에 미치는 영향 연구에서 접지의 치유적 효과를 밝히고 있다.

인체와 지구 표면의 전기 전도성 접촉(접지 또는 접지)은 생리와 건강에 흥미로운 영향을 미친다. 이러한 효과는 염증, 면역반응, 상처치유, 만성염증성 및 자가면역 질환의 예방 및 치료와 관련이 있다.

연구의 목적은 다음의 두 개였다.

첫째, 염증 연구에서 새로운 관점으로 보이는 것에 대해 연구자들에게 알리고,

둘째, 실험 동물의 접지 시간과 정도(접지에 대한 저항)의 길이가 염증 연구의 결과에 영향을 미칠 수 있는 중요하지만, 일반적으로 간과되는 요소라는

것을 확인하고자 하였다.

상처치유 및 종양 형성. 특히, 유기체를 접지하면 백혈구, 사이토카인 및 염증 반응에 관여하는 기타 분자의 농도에 측정 가능한 차이가 발생한다. 우리는 현재 연구 결과와 세포 및 조직 생리학, 세포 생물학, 생물 물리학 및 생화학의 전자적 측면에 대한 이해를 바탕으로 관찰된 효과를 설명하기 위해 몇 가지 가설을 제시한다. 지연성 발병 근육통으로 알려진 실험적인 근육 손상은 접지된 조건과 접지되지 않은 조건에서 면역반응을 모니터링하는 데 사용되었다. 접지는 통증을 감소시키고 순환하는 호중구와 림프구의 수를 변화시키며 염증과 관련된 다양한 순환 화학적 요인에도 영향을 미치고 있었다.

하이더 압둘 라테프 무사 (Haider Abdul-Lateef Mousa)는 접지를 통한 COVID-19 감염예방 및 치료에 대한 연구에서 COVID-19 감염의 치료 및 예방에서 접지의 역할을 조사하였고, 환자를 19명으로 대상으로 하루에 약 15분에서 6시간 동안 접지 또는 연결 장치와의 직접 접촉을 통해 접지를 수행했다.

그 결과 2명의 환자는 접지 시작 후 11시간-2일 이내에 완전히 호전되었으며(평균: 9.2일, SD ± 2, 중앙값: 8일), 평균 질병 기간은 9.4일(SD ± 6.9), 중앙값은 6일이었다. 위험 요인이 많은 환자 3명은 접지가 불충분하고 너무 늦게 수행되어 사망했다.

5명은 예방적 접지를 수행한 결과 경증 또는 단기 질환(평균: 5.38일, SD ± 3.95)에 걸렸다.

중증 호흡곤란으로 말을 할 수 없는 중환자에서 지속적인 산소 공급 시 혈중 산소농도가 77%인 놀라운 반응이 나타났다. 둘째 날, 매일 1시간 동안 두 번의 접지 세션을 거친 후 산소 공급이 있을 때 산소 수치가 산소 공급 없이 상승했다. 접지 시행 후 발열, 호흡곤란, 기침, 쇠약, 두통, 흉통, 미각 및 후각 상실, 식욕부진, 몸살 등의 증상이 개선되었다. 접지는 더 짧은 질병 기간으로 상당한 치료 및 예방 효과를 나타냈다.

가에탕 슈발리에는 인체를 접지하는 것이 기분에 미치는 영향에 관한 연구에서 지구와의 1시간 접촉은 휴식만으로도 예상보다 기분이 좋아졌다는 결론을 내렸다.

접지가 기분을 개선하는지 평가하기 위해 수행되었다. 40명의 성인 참가자는 전도성 베개, 매트 및 지면에 연결하는 패치가 장착된 편안한 안락의자에서 휴식을 취하면서 1시간 동안 접지 또는 가짜 접지(접지 없음)를 받았다. 이 파일럿 프로젝트는 이중 맹검으로 진행되었으며 Brief Mood Introspection Scale(4개의 기분 척도로 구성)이 사용되었다. 유쾌하고 긍정적인 기분은 근거가 있지만 참가자들 사이에서 통계적으로 유의하게 개선되었다.

5. 접지맨발걷기 일반적 방법

접지맨발걷기는 누구나 쉽게 할 수 있다.

신발과 양말을 벗고 발바닥을 바닥에 대고 걷거나 서거나 앉기만 하면 된다. 가장 중요한 점은 생활화하는 것이다. 너무 어렵게 생각하지 말고 자신에게 맞는 땅을 찾아 시간을 투자하는 것이다.

쉽게 접근할 수 있는 가장 가까운 자연과 연결하고 접지의 원리를 활용하면 된다.

신발을 신고 걸으면 생각만큼 에너지 소비되지도 않고 생각만큼 발이 자극되지도 않는다. 즉, 우리가 걷기를 통해 얻을 수 있는 효과가 꽤 많이 줄어드는 것이다.

신발을 벗고 걸어야 한다. 신발과 양말을 벗고 걸으면, 자연스럽게 지면과 어울리는 발 역학을 만들며 걷게 된다. 이에 따라, 앞에서 말한 다양한 효과를 얻을 수 있는 것이다.

접지맨발걷기 장소는 다양하며, 개인별로 주어진 여건에 맞게 선택하면 된다. 흙길이나 바닷가 모래사장, 잘 조성된 숲길에서 걷는 것이 좋다.

처음 시작하시는 분들은 시간을 짧게 시작해서 길게 할 수 있기를 권장한다.

10분 정도를 걸어보고, 조금씩 시간을 늘려가는 것이 좋다. 처음부터 욕심을 내서 걷다가는, 여러 부작용에 시달릴 수 있다. 30분 이상 걸을 수 있을 때부터 본격적으로 시작하고 응용한다.

맨발 걷기의 효과를 극대화하기 위해서는 등은 곧게 펴고, 머리는 일자로 세워야 한다. 또한, 의식적으로 가슴을 펴고 걸으셔야 한다. 잘못된 자세로 맨발 걷기를 하게 되면, 효과는 줄어들고 오히려 무릎과 허리, 목, 발바닥 등에 부담만 늘어난다.

처음 맨발 걷기를 하게 되면, 발바닥이 아픈 경우가 종종 생긴다. 발바닥과 발을 지탱해주는 근육들이 아직 적응을 하지 못했기 때문이다. 자주 걷다 보면, 그런 증상은 저절로 없어진다.

접지맨발걷기를 하기 전과 후에는 발바닥 마사지를 해주는 것이 좋다. 근육과 피로를 풀어줄 수 있고 혈액순환에도 훨씬 더 도움이 된다.

접지맨발걷기는 계절이나 온도 등에 따라 적절히 선택해야 한다. 너무 덥거나 너무 추운 날에 접지맨발걷기를 하게 되면 일사병, 감기 등 후유증이 더 심하게 된다. 날씨가 허락하지 않을 때는 휴식을 취하거나 집에서 발 마사지와 스트레칭을 실시해 준다. 적극적인 분들은 집안에 접지시설을 해 놓고 접지매트위에 서거나 앉아 있어도 어느 정도 목적을 달성할 수 있다. 다만 옷을 벗고 우리 몸과 매트가 직접 닿도록 하는 것이 중요하다.

건강은 먹는 것에서 시작된다. 실컷 맨발 걷기를 실천한 후에 몸에 좋지 않은 음식들로 배를 채우게 되면 그 효과가 대부분 사라지게 된다. 균형 잡힌 식습관도 유지하도록 노력한다.

6. 접지맨발걷기의 치유효과

접지맨발걷기는 우리의 정신적, 육체적 치유에 영향을 미치는 막대한 효과가 있다.

다양한 문화와 문명에 걸쳐 치유를 위한 최고의 천연 의약품 중 하나로 여겨져 왔다.

1) 혈압 상태 개선

오늘날 만성 스트레스는 고혈압(고혈압이라고도 함)과 같은 건강 문제의 주요 촉매제이다. 스트레스가 많은 상황에서 우리 몸은 호르몬 수치(아드레날린과 코티솔 포함)를 증가시키는 경향이 있다. 이러한 호르몬이 과다하면 혈관이 수축되고 심박수가 증가하게 되어 장기적으로 고혈압 증세를 유발할 수 있다.

미국질병통제예방센터(CDC)에 따르면 고혈압은 매우 흔한 상태이지만 접지맨발걷기와 같은 자연치유적 방법을 사용하여 해결(심지어 제거)할 수 있다고 한다.

PubMed 연구에따르면 고혈압 환자는 접지 행위로 인해 혈압이 크게 감소했다. 이 부교감신경 활동은 이후 신체의 혈류를 개선하여 스트레스 수준을 낮추고 혈압을 낮춘다.

또 다른 연구에서, 다양한 정도의 고혈압을 앓고 있는 10명의 환자를 대상으로 몇 달 동안 환자들은 맨발로 걷기를 연습하고 심지어 땅에서 잠을 자도록 하였다. 이로 인해 혈압 수치가 낮아졌다고 한다.

또한 맨발로 걷는 것은 동맥 세포인 내피에 긍정적인 영향을 미친다. 접지의 결과로 산화질소가 체내에서 방출되어 동맥을 이완시킨다. 이것은 혈압의 감소로 이어진다.

움직임과 결합된 접지는 스트레스와 혈압을 감소시킨다.

2) 에너지 수준 향상

자연이 우리의 에너지 수준을 높이고 영혼을 고양시키는 놀라운 방법을 가지고 있다는 데 모두 동의한다. 그러나 신발을 벗으면 지구의 에너지장에 더 깊이 연결하고 접지의 모든 이점을 경험할 수 있다.

입자의 관점에서 지구 표면은 음전하를 띠고 인간은 양전하를 띠고 있다. 이것은 우리가 지면과 직접 접촉할 때 과도한 에너지가 방출된다는 것을 의미한다. 따라서 신체의 전기 회로에서 나오는 긴장이 해방되고 자연의 에너지가 흡수된다. 지구의 전자와 다시 연결함으로써 치유와 더 높은 수준의 에너지를 포함하여 신체에서 많은 생리적 변화가 발생한다.

요즘 사람들은 편안함을 높이기 위해 고무 또는 플라스틱 밑창 신발을 자주 신는다. 이러한 유형의 신발은 지구의 에너지장에 대한 장벽이자 장애물 역할을 한다. 결과적으로 이것은 신체의 에너지 수준을 감소시킨다.

맨발로 걷는 것이 선택 사항이 아니지만, 여전히 접지의 이점을 유지하고 싶다면 제가 추천하는 맨발 신발이 있다. 나는 매일이 신발을 신고, 각각은 나의 에너지 수준과 의지력에 중대한 영향을 미쳤다.

3) 만성 통증 감소

만성 통증에 미치는 영향을 다루지 않고 접지의 이점을 커버하는 것은 범죄이다. 맨발로 걷는 것이 신체의 통증을 줄이는 데 어떻게 도움이 되는지에 대한 과학적 설명이 있다.

사람이 맨발로 걸을 때 지구에 존재하는 전자와 연결된다. 지구 표면은 전세계적으로 매일 수천 번의 번개로 인해 음전하를 띠고 있다. 번개의 전자는 지구 표면으로 들어가 전기적 기준점을 만든다. 전위는 0볼트가 되고 지구 표면과 접촉하는 사람은 지구와 동일한 전위를 갖는다. 산소는 전자 수용체이기 때문에 지구에 존재하는 전자는 신체의 산소 수준을 증가시켜 에너지의 흐름을 증가시키고 만성 통증을 줄이는 데 도움이 된다.

Richard Brown, Gaetan Chevalier 및 Michael Hill의 PubMed는 만성 통증 감소에 접지의 효과를 연구하였다. 1명의 남자는 접지를 한 그룹과 가짜 접지된 그룹으로 나뉘었습니다. 통증 평가를 위한 시각적 아날로그 척도가 사용되었습니다.

첫날, 두 그룹의 참가자들은 200개의 반 무릎 봉오리의 수축을 수행했다.

둘째 날까지, 가짜 접지 그룹은 '접지 된' 그룹보다 훨씬 더 많은 만성 통증을 경험했다. 이 연구는 접지가 손상된 근육의 크레아틴 키나아제(CK)를 크게 감소시켜 근육 손상을 줄인다고 결론지었다. CK를 감소시키는 것 외에도 접지는 면역력을 높이고 감염으로부터 우리를 보호하는 백혈구의 일종인 호중구를 증가시킨다.

이 연구의 결과로 연구자들은 접지가 만성 통증이 있는 사람들에게 긍정적인 영향을 미친다는 결론을 내렸다.

4) 수면 개선

오늘날 전 세계의 많은 사람이 수면 부족과 수면장애로 고통받고 있다. CDC에따르면 7천만 명의 미국인이 비만 및 우울증과 같은 상태에 기여하는 만성 수면 문제로 고통받고 있다. 고맙게도 접지의 이점도 여기에 도움이 될 수 있다.

Journal of Alternative and Complementary Medicine의 연구에 따르면 접지는 신체의 스트레스 호르몬을 정상화하는 데 도움이 되므로 수면을 개선할 수 있다. 이 연구에서 수면장애가 있는 사람들은 전도성 탄소 실이 짜여진 면 시트 아래에서 잠을 잤다. 시트는 바깥쪽에 놓인 금속 막대로 연장되는 와이어에 연결되었다. 이 연구의 결과로, 참가자들은 지상에 있을 때 더 잘 잤다는 결론을 내렸다. 스트레스 수준의 감소도 나타났다.

또한 Maurice Ghaly와 Dale Teplitz가 수행한 연구에 따르면 접지가 수면을 개선한다고 한다. 24시간 일주기 리듬을 통해 호르몬 분비의 균형을 유지함으로써 야간 코티솔 수치가 현저히 감소했다. 따라서 이것은 신체의 스트레스 반응에 유익한 영향을 미쳤다. 장기간에 걸친 높은 스트레스 수준은 종종 부적절한 수면 또는 수면장애로 이어진다.

따라서 맨발로 걸을 때 스트레스 수준을 줄여 더 편안한 숙면을 취할 수 있다. 이것은 왜 그렇게 많은 사람이 해변을 방문하는 날에 더 나은 수면을 취한다고보고하는지 설명할 수 있다.

5) 자세 개선

요즘 거의 모든 사람이 신발을 신지만 그것이 건강에 좋다는 의미는 아니다. 반대로 쿠션이 많은 신발은 신체 정렬이나 자세에 부정적인 영향을 미친다. 고맙게도 접지는 신발 착용의 부정적인 영향을 돕고 되돌릴 수 있다.

신발을 신는 것은 자세를 나쁘게 할 뿐만 아니라 발의 유연성과 힘을 감소시킨다. 이러한 각각의 바람직하지 않은 영향은 목 통증, 요통 및 무릎 통증과 같은 문제로 이어질 수 있다. 매일 맨발로 걸으면 발이 자연스럽게 움직이도록 재훈련할 수 있다. 따라서 다리, 골반 및 요추의 긴장도, 균형 및 기능을 교정할 수 있다.

접지로 인한 자세 개선은 인체의 통증을 예방하는 데 도움이 된다. 이것은 진정으로 최고의 접지 이점 중 하나이다.

6) 신체 반사신경 향상

요가의 경우 이것은 맨발로 접지하는 것의 가장 큰 이점 중 하나이다.

요가 (그리고 무술)가 맨발로 이루어지는 이유 중 일부는 균형을 이루고 발 근육을 스트레칭하는 것과 관련이 있다. 그러나 또 다른 이유는 우리가 볼 수 없는 신체 부위를 다룬다. 이것은 원자 및 아원자 수준, 즉 전자와 이온을 수반

한다는 것이다.

인체는 60~70%가 물로 구성되어 있으며, 이는 지구 에너지와 밀접한 관련이 있는 전자 공급자이다. 우리가 땅과 더 많이 접촉할수록 우리 몸은 더 잘 기능하고 에너지는 자유롭게 움직인다. 따라서 접지는 우리의 웰빙에 직접적인 영향을 미치는 이온 균형을 만든다. 우리의 신체적 반사를 향상시키는 것 외에도, 이 이온 균형은 우리의 마음을 작동하여 더 큰 정신적 안정을 제공한다.

따라서 신체의 반사신경과 전반적인 흐름을 개선하려는 경우, 맨발로 외출하도록 권장할 것이다.

접지맨발달리기는 발의 힘과 신체 자세에 긍정적인 영향을 미친다.

7) 무릎 및 엉덩이 통증 감소

만성 통증에 미치는 영향과 마찬가지로 무릎 및 고관절 통증으로 고통받는 환자에게는 접지가 권장된다. 발의 정렬이 좋지 않으면 다리, 무릎, 엉덩이, 심지어 허리에도 파급 효과가 발생할 수 있다. 이 연구에서 입증된 바와 같이, 맨발로 걷는 자연스러운 움직임은 이 부위로의 혈류를 증가시켜 신경 주변의 염증을 줄일 수 있다.

따라서 신체의 이러한 부분에서 혈류를 증가시킴으로써 접지는 무릎과 엉덩이 통증을 근본적으로 치료할 수 있다. 신발을 신으면 굳은살과 내향성 발톱과 같은 문제가 발생할 수 있다. 이것은 종종 신발의 크기, 모양 및 재질 때문이다. 특히 꽉 끼는 신발은 마찰을 일으켜 발 주위의 피부를 악화시킬 수 있다.

신발(또는 맨발/미니멀리스트 신발)을 신지 않으면 굳은살, 내향성 발톱, 건막류, 망치발가락이 생기는 것을 방지할 수 있다. 맨발로 걷기를 통해 이러한 발 상태의 많은 부분을 되돌릴 수도 있다. 이 향상된 이동성은 혈류를 증가시켜 치유를 촉진한다. 따라서 땅 위를 걷는 것은 우리의 발이 건강한 상태를 유지하도록 한다.

8) 감각 향상

맨발로 접지하면 발에 자연스러운 감각 경험을 제공한다. 이것은 궁극적으로 우리의 감각과 자연 세계와의 연결을 향상시킨다.

오늘날 우리 중 많은 사람, 특히 도시 지역에 사는 사람들은 자연과 단절되어 있다. 이것은 대부분의 현대 작업이 자연광이 아닌 청색광 아래에서 실내에서 수행된다는 사실에 의해 도움이 되지 않는다. 우리가 지구에 직접 닿지 못하게 하는 방정식에 신발을 추가하면 요즘 많은 사람이 주변 세계와 연결되어 있다고 느끼지 않는 것은 놀라운 일이 아니다.

맨발로 걸을 때 자극을 받는 발의 특정 지점이 있다. 이것은 우리로 하여금 우리가 걷고 있는 길을 더 잘 관찰하게 한다. 반면에 신발을 신고 걷는 것은 모래, 진흙, 풀과 같은 다양한 자연 표면의 질감을 발이 탐색하는 것을 방지한다. 맨발로 걸으면 자연 표면이 압력 지점과 신경 말단을 자극한다. 그 결과 우리는 보다 적극적이고, 인식하고, 경계하게 만든다.

정형외과 의사인 조나단 카플란(Jonathan Kaplan)은 맨발로 걷는 것이 자연스러운 보행 패턴 또는 보행으로 알려진 것을 회복시킨다고 알려 준다. 그 결과 우리의 감각이 향상되고 발의 위치와 균형을 더 잘 제어할 수 있다. 이것은 우리의 마음과 몸의 각성을 증가시켜 궁극적으로 우리의 감각을 향상시킨다.

9) 생체 역학적 효율성 증가

연구에 따르면 맨발로 규칙적으로 걷는 사람들은 발이 더 넓은 경향이 있다. Footwear Science저널에 따르면 연구자들은 맨발로 걷는 것이 더 넓은 발 모양과 생체역학적으로 더 효율적인 발을 만든다고 결론지었다. 맨발로 걷는 사람은 발이 더 넓었을 뿐만 아니라 최고 압력을 균등하게 분포시켰다.

또한 Footwear Science는 신발을 신는 사람들이 발에 매우 높거나 낮은 최고 압력 영역을 가지고 있다고 언급했다. 이것은 신발을 신게 되면 균일하게 분포된 최고 압력을 갖을 수 없다. 이 연구는 신발 대부분이 발의 자연스러운 모양을 고려하지 않아 발 모양에 부정적인 영향을 미치고 변형시킬 수 있다고 결론 지었다.

조인트는 접지기술의 결과로 보호된다.

숙련된 맨발걷기 실천자는 충격과 관련된 부상과 부상으로부터 보호하는 강한 발을 가지고 있는 것으로 알려져 있다. 또는 지지력이 많은 신발은 발의 힘과 기능을 촉진하지 않는다.

하버드대학의 연구원이자 교수인 대니얼 리버만 박사는 "맨발일 때보다 쿠션이 있는 신발을 신었을 때 다리에 쏟아지는 에너지가 약 3배 더 크다"고 제안하였다. 이것은 쿠션이 있는 신발이 편안할 수 있지만 충격의 힘은 여전히 높다는 것을 의미한다. 결과적으로 이것은 관절에 상당한 압력을 가하게 된다.

맨발로 걷는 것이 발의 최적의 힘과 기능을 제공한다는 점을 감안할 때 관절을 보호하고 관절염과 같은 문제를 예방하는 데 도움이 될 수 있다.

10) 근육과 뼈 강화

위에서 언급했듯이 접지의 가장 큰 장점 중 하나는 강한 발을 촉진한다는 것이다. 접지가 하지의 근육과 뼈를 강화한다는 것은 놀라운 일이 아니다.

맨발로 걷는 것은 우리 몸의 정맥 환류를 향상시킨다. 정맥 복귀는 심장으로 돌아가는 혈류속도며 주로 근육을 더 강하게 만드는 역할을 한다. 발의 맥락에서 이러한 증가된 혈액 순환은 또한 다리와 발의 부기와 무거움을 감소시킨다.

또한 맨발로 땅을 걸을 때 발이 햇빛과 접촉한다. 이것은 비타민 D와 뼈 칼슘의 수치를 증가시킨다. 영국 버밍엄 대학교(University of Birmingham)의 연구에 따르면 비타민 D는 근력 향상에 도움이 될 수 있다. 따라서 두 가지 방법으로 바깥에 접지하면 신체의 근육과 뼈가 강화될 수 있다.

접지는 당신에게 엄청난 에너지 부스트를 제공한다.

11) 염증 감소

접지 기술은 모든 종류의 유익한 건강의 결과로 이어진다. 그리고 아마도 접지의 이점은 신체의 염증 반응에 대한 것보다 더 심오하지 않을 것이다.

접지맨발걷기는 염증 수준을 조절한다. 일부 염증은 특히 부상을 치료하고, 근육 섬유를 재생하고, 바이러스와 싸우는 데 사용될 때 건강에 좋다. 그러나 건강에 해로운 생활 습관으로 인해 오늘날 흔한 만성 염증은 암, 알츠하이머 및 심혈관 건강 문제와 같은 무서운 질병으로 이어질 수 있다. 환경의 오염 물질(예: 살충제, 살충제, 담배)도 우리 몸을 자유 라디칼과 산화 스트레스에 노출시킬 수 있다. 이것은 차례로 우리 몸의 전자를 고갈시킨다.

지구의 이동 전자는 우리 피부에 접촉하여 천연 항산화제 역할을 한다. 따라서 산화 스트레스로부터 세포, 조직 및 기관을 보호하여 염증을 줄인다.

또 다른 연구에서 접지는 염증과 혈액 마커를 감소시켜 실험그룹의 치유효과가 더 빠른 것으로 나타났다.

맨발로 걸을 때 지구 표면과 직접 접촉하면 자유전자가 몸을 통해 흐른다. 이 음전하를 띤 전자는 천연 항산화제 역할을 하고 산화 스트레스를 감소시킨다. 따라서 정기적으로 맨발로 야외에서 걷게 되면 염증(및 질병)으로부터 몸을 보호하는 것이다. 접지의 이점 중 하나는 몸을 진정시킨다는 것이다.

12) 면역력 향상

접지의 또 다른 중요한 효과는 면역력을 향상시킨다는 것이다. 신체의 면역 반응은 염증 반응과 유사한 패턴을 따른다. 인체의 발바닥은 수많은 감각 수용체와 신경 종말을 제공한다. 지면에 직접 연결되면 생화학과 생리학적 작용을 한다.

근육 손상과 통증에 대한 사람들의 반응을 실험한 연구에 따르면, 접지 된 그룹의 면역반응이 유리한 방식으로 변경되었다는 사실이 밝혀졌다 (백혈구 및 사이토 카인 측면에서). 접지를 통해 감각 수용체가 향상되어 면역력이 향상되고 신체가 질병과 싸우는 데 도움이 된다.

13) 신경계 강화

접지맨발걷기가 스트레스를 줄이는 모든 방법을 감안할 때 자연스럽게 신경계를 자극한다는 것은 놀라운 일이 아니다. 이것은 접지의 가장 큰 이점 중 하나이다. 첫째, 지구와의 직접적인 접촉은 발을 자극하게 된다. 이 감각 피드백은 환경에 대한 인식 수준을 높인다. 맨발로 걷는 경험은 신체의 스트레스 및 불안감을 줄이는 데 도움이 된다.

둘째, 접지맨발걷기가 신경계를 강화하고 또 다른 방법은 전자의 흐름 및 균형을 촉진한다. 이것은 궁극적으로 신경계를 이완시키고 우리의 신체적, 정서적 상태를 향상시킨다.

14) 시력 향상

접지맨발걷기를 통한 시력향상의 효과를 뒷받침하는 증거가 있다.

중국 전통 의학과 반사 요법에는 눈의 신경과 연결되는 발의 압력 부위가 있다. 지면과의 직접적인 접촉을 통해 압력 점을 자극하면 시력이 향상될 수 있다.

접지 외에도 이른 아침 햇빛은 눈 건강에 긍정적인 영향을 미치므로 이 두 가지를 함께 사용하는 것이 좋다.

15) 일주기 리듬 안정화

일주기 리듬은 본질적으로 신체의 내부 시계이다. 신체의 신체적, 정신적, 행동적 기능에 영향을 미치는 24시간 수면-각성 주기이다.

PubMed 연구에 따르면 외부 접지는 인체의 일주기 리듬을 안정화하는 데 도움이 된다. 결과적으로 이것은 수면장애와 불면증을 예방하는 데 효과가 있다. 이 연구는 맨발로 규칙적으로 걷는 사람들이 일주기 리듬을 개선하여 더 나은 수면을 취하는 데 도움이 된다고 결론지었다.

일주기 리듬은 인체의 감정과 수면주기를 조절하는 역할을 한다. 따라서 접지를 통해 일주기 생물학에 긍정적인 영향을 미칠 것으로 기대할 수 있으며,

이는 불면증과 같은 수면 문제를 개선하거나 예방할 수도 있다.

실외에서 접지하면 태양에 노출되어 일주기 리듬을 향상시키는 데 도움이 된다.

16) 혈류 개선

미국 국립의학도서관(National Library of Medicine)에 발표된 연구에 따르면 맨발로 걷는 것은 적혈구의 표면적을 증가시켜 혈액 점도를 감소시킨다. 그 결과 몸 전체의 산소 전달과 혈류가 개선된다. 반면에 높은 점도는 종종 심장과 관련된 치명적인 질병과 관련이 있다. 이로 인해 많은 환자가 심장 건강을 개선하기 위해 아스피린과 같은 약을 복용하게 된다.

혈류는 혈액순환 수준이 사람의 신체적, 정신적 웰빙과 관련이 있기 때문에 인체에 중요하다. 증가 된 혈류는 또한 피부 조직의 복구 과정을 향상시킨다.

또한 맨발로 걷는 것은 발의 100개의 근육, 힘줄 및 인대를 자극한다. (대부분은 만성적인 신발 마모로 인해 휴면 상태임). 결과적으로 발과 다리의 혈류가 증가한다. 이것은 추운 계절에 통증과 통증이 적고 정맥류가 적으며 발이 따뜻하다는 것을 의미한다. 총체적으로, 이것들은 최고의 접지 건강상의 이점 중 하나이다.

17) 심장 건강 개선

혈류에 관해 이야기하는 동안 일반적으로 심장 건강에 초점을 맞추도록 한다. 심혈관질환은 전 세계적으로 주요 사망 원인이다. 최근 몇 년 동안 접지는 심장 건강, 특히 심박수 변동성을 개선하기 위한 인기 있는 개입이 되었다.

Journal of Alternative and Complementary Medicine의 연구에 따르

면 접지는 심혈관 위험 요소에 유익한 영향을 미친다. 이 연구에서 참가자들은 야외에서 지구와 연결된 전도성 패치를 손바닥과 발바닥에 부착하여 접지하였다. 그런 다음 참가자의 혈중 농도를 모니터링했다. 이것은 개입의 결과로 적혈구 덩어리가 적다는 것을 증명했다.

혈액 응집은 작은 혈관을 막고 혈류를 느리게 하거나 막아서 심장을 손상시킨다. 접지는 혈액순환을 개선하여 혈액 응고 및 관상 동맥 문제의 가능성을 줄인다. 따라서 정기적으로 접지하면 심장 건강이 향상되고 심장 질환의 가능성이 줄어든다.

18) 뇌의 전기적 활동 변화

접지의 신경 조절 역할에 관한 연구에 따르면 접지는 뇌의 전기적 활동에 긍정적인 영향을 미친다. 누군가가 맨발로 걸으면서 지구와 접촉하면 신체의 전위는 지구의 전위와 일치한다. 지구의 자연 에너지가 마음을 진정시키고 사람들을 항상성으로 이끌 수 있다는 점을 감안할 때, 이것은 인간의 생리적 과정과 뇌 활동에 유리한 방식으로 영향을 미친다. 지구의 에너지장에 연결하면 더 똑똑해진다.

19) 월경 및 호르몬 문제 개선

신체의 호르몬이 균형을 이루지 못하면 신체적, 정신적 문제를 경험할 수 있다. 위에서 언급했듯이 접지는 신체의 코티솔과 아드레날린 수치에 긍정적인 영향을 미친다. 마찬가지로, 접지는 여성의 생리주기에 유리한 영향을 줄 수 있다.

월경전 증후군(PMS)이 있는 여성은 다른 증상 중에서도 기분 변화, 체중 증가, 두통을 경험한다. 또한 호르몬 불균형이 있는 여성은 월경 주기 동안 심한 복통과 얼굴 여드름을 경험할 수 있다. 접지는 이러한 호르몬 불균형을 교정하여 신체적, 정신적 건강에 유익한 영향을 미칠 수 있다.

20) 신체 균형 향상

맨발로 걷는 것의 또 다른 장점 중 하나는 인체의 균형 감각을 높여 준다는 것이다. 맨발로 걷는 것은 신체가 지면에 더 많이 연결되도록 하여 뇌의 전정계를 자극 한다. 결과적으로 이 자극은 신체의 균형 감각을 향상시킨다. 또한 근육과 관절의 수용체로부터 뇌로 유입되는 고유수용성 신경 입력을 개선하는 데 도움이 된다. 이것은 지상에서 신체의 위치를 더 잘 인식하게 하고 발 안팎의 통증 감소로 이어질 수 있다.

맨발걷기의 또 다른 주요 이점은 접지하면 균형이 향상된다.

21) 발 통증 감소

지지력이 너무 많은 신발을 신으면 발 통증이 발생할 수 있다. 이것은 종종 부적절한 핏(즉, 신발이 너무 작고 제한적임) 때문이다. 또한 과도한 신발 지지로 인한 발의 힘 부족으로 인해 발생할 수도 있다. 따라서 아치 지지대 및 발 건강의 기타 요소를 이해하는 전문가에게 발(및 신발)을 맞추는 것이 항상 좋다.

맨발로 걷기 시작하면 근육이 이 새로운 보행 방식에 적응하는 동안 처음에는 통증을 느낄 수 있다. 그러나 장기적으로 발은 강화되고 자연스러운 기능을 되찾고 불편함이 가라앉을 것이다. 맨발로 걷거나 뛰면 발이 강하고 유연해진다. 이것은 발의 일상적인 통증과 통증을 크게 향상시킨다.

따라서 접지는 발근육을 직접적으로 개선하고 후속 통증을 줄인다.

22) 발 혈액순환 촉진

겨울에는 몸이 사지에서 내부 장기로 따뜻한 혈액을 보내 따뜻하게 유지하려고 하기 때문이다. 종종 이것은 특히 레이노병이 있는 경우 고통스럽거나 불편할 수 있다. 맨발로 걸으면 발의 혈액순환을 증가시켜 발의 냉증 증상을 줄일수 있다.

혈액순환이 증가하면 온기나 혈류가 발과 다리에 충분히 도달한다. 이것은 궁극적으로 더 시원한 날에는 더 따뜻한 발을, 따뜻한 날에는 더 차가운 발을 만든다. 하지의 혈액순환을 개선하려는 경우 이 맨발 잡지 이점은 신발을 버리고 맨발로 걸을 수 있도록 영감을 줄 것이다.

23) 정맥류 예방

맨발로 걷는 것이 정맥류를 예방하는 데 도움이 될 수 있다. 기본적으로 정맥류는 인체의 어느 곳에서나 축적될 수 있는 확대되고 뒤틀린 혈관이다. 정맥류는 확대되고 꼬인 정맥이며, 다리와 발에 가장 많이 나타난다.

맨발로 걸을 때 발의 움직임은 정맥으로의 혈액 흐름을 증가시킨다. 이것은 다리와 발 근육이 혈류를 심장으로 다시 순환시키는 데 도움이 된다. 증가한 혈류는 정맥류의 형성을 방지하여 궁극적으로 더 건강한 다리와 발이 된다.

24) 키 성장

마이클 샌들러(Michael Sandler)와 제시카 리(Jessica Lee)가 쓴 「맨발 걷기」(Barefoot Walking)라는 책에 따르면, 맨발로 걷는 것은 키가 크고 자세가 좋아지는 데 도움이 된다고 한다. 개인이 지면에 닿으면 사람은 몸과 자세를 인식하게 된다. 즉각적인 느낌과 피드백은 그 사람의 핵심(코어)을 강화하고 당당하게 설 수 있도록 도와준다. 키가 커지는 것은 맨발로 땅을 걷는 것의 또 다른 이점이다.

25) 허리통증 개선

조지타운 대학교의 건강 정책 연구소(Health Policy Institute)에 따르면 미국인의 8% 정도인 거의 65만 명의 미국인이 최근 허리통증을 호소하고 있다고 한다.

많은 만성적인 허리 문제는 장시간 앉아 있고 일하는 동안 열악한 인체 공학으로 인해 발생한다. 그러나 신발을 신는 것도 허리통증을 유발할 수 있다. 이는 부적절한 신발로 성형된 높은 아치와 낮은 아치가 엉덩이, 허리, 심지어 목에도 영향을 줄 수있기 때문이다. 발이 허리와 척추에 연결되어 있다는 점을 감안할 때 접지 연습은 여기에서 엄청난 이점이 될 수 있다.

맨발로 걸으면 발의 이동성과 유연성을 높이는 동시에 신체의 자유 라디칼을 줄일수 있다. 이것은 정강이 부목, 관절 통증 및 허리 문제에 유리한 영향을 미친다.

7. 농촌 치유자원을 활용한 접지맨발걷기

가. 숲속 접지맨발걷기

1) 실천 방법

우선적으로 준비운동으로 몸을 풀어준다.

스트레칭은 접지맨발걷기의 경우 평소에 사용하지 않던 발의 관절과 근육

을 사용해 이곳에 무리가 갈 수 있으므로 걷기 운동 전 근육과 인대 등을 늘려 부상을 예방해야 할 것이다

시작할 때는 천천히 걷다가 걷기에 익숙해지기 시작하는 10여 분 후에는 빠르다는 느낌이 들 정도로 걷는다. 개인별로 적정시간을 정해 걷되 바쁘면 10~15분 정도 걸어도 좋다.

숲길은 지형이 다양하므로 지형에 맞춰 속도를 조절한다. 경사를 올라갈 때는 보폭을 작게 잡고 천천히 걸어야 지치지 않고, 내리막길에서는 빨리 걸으면 넘어지거나 관절에 무리가 올 수 있으니 조심한다. 대신 평지에서는 가능한 한 빨리 걷는다.

내가 편하고 즐겁다고 생각하는 시간에 걷는다.

숲에서 걷기 1시간 전쯤 음식을 먹어 두는 것이 체력을 위해 좋다. 단, 과식한 후 숲에 가는 것은 가급적 피한다.

숲속을 마사이 걸음으로 걷는다. 마사이족 걸음걸이는 발바닥 전체가 땅에 닿기 때문에 걸음걸이가 곧고 관절과 척추에 부담이 적은 것이 특징이다.

숲속 걷기를 하면서 단전호흡을 하면서 걷는다.

숲속의 자연소리에 귀를 귀울이면서 걷는다.

심호흡과 통기성이 좋은 면이나 삼베와 같은 소재로 만든 옷을 입고, 심호흡을 하면 숲속의 맑은 공기를 흠뻑 빨아들일 수 있다.

숲에서 걷고 난 후 스트레칭으로 근육과 관절을 잘 풀어줘야 한다.

따뜻한 물에 발을 담그거나 발을 주물러 충분한 휴식을 취하는 것이 좋으며 항균 기능이 있는 발 전용 크림을 바르는 것이 좋다.

2) 치유 효과

- 피톤치드의 치유적 효과를 얻을 수 있다.

  침엽수로 이루진 숲은 피톤치드를 발생한다. 피톤치드는 움직일 수 없는 식물들이 병원균, 해충 등으로부터 자기를 보호하기 위해 항균물질을 분비하게 되는데 이것이 피톤치드이다. 피톤치드는 심신을 편안하게 진정하며 스트레스를 해소하게 한다.

  스트레스 지수의 감소는 면역을 높이고 질병에 대한 저항력을 높여준다. 이외 혈압조절, 우울증 개선 등 다양한 효과가 있다.

  우리나라 산에 많이 분포하는 소나무는 피톤치드를 가장 많이 발생하는 수종이다. 침엽수에서 피톤치드가 많이 나오며, 소나무에서 가장 많이 나온다고 한다.

- 흙속의 미생물의 치유력을 활용한다.

  흙을 맨발로 밟으면 흙속에 미생물인 마이코박테리움 벡케이가 뇌를 자극해서 세로토닌이라는 행복호르몬의 분비를 증가시키게 되며 면역력, 학습력, 집중력 등을 높여 준다. 세로토닌은 밤에 숙면을 할 수 있게 한다.

  맨발로 땅을 밟으면 두뇌를 활성화해 치매 예방도 한다.

  숲속의 질이 좋은 토양 속에 풍부한 미생물과 우리 몸이 접촉하게 되면 더욱 효과를 증진하게 된다. 독일, 미국 등에서는 숲유치원에서 아이들이 숲속 맨발 활동프로그램을 운영하고 있는데 어린이들의 학습 능력도 높아지고 자폐나 아토피가 개선되었다고 한다.

- 숲속의 자연소리는 뇌파를 안정시키고 심신을 이완하게 한다.

숲속의 새소리, 물소리, 바람 소리 등과 같은 자연의 소리는 우리 뇌파를 안정시켜서 심신의 이완으로 알파파 상태가 되도록 한다.
알파파의 결핍은 불안, 스트레스, 뇌손상을 유발할 수 있다고 한다.

- 숲속의 풍부한 산소는 인간의 건강을 지킨다.

숲속에 가면 두통이 사라지고 머리가 맑아지는 것은 뇌에 신선한 산소가 공급되기 때문이다. 몸에 산소가 부족하면 정상세포가 돌연변이를 일으켜 산소 없이 살아가는데 이것이 암세포라는 연구가 있다.
숲속 식물들이 산소를 내어주고 사람이 호흡하면서 내뱉는 이산화탄소를 필요로 하기에 낮에 숲속을 걷게 되면 서로의 건강을 위해 숲과 교감을 하게 된다. 숲속에는 해지기 직전에 산소농도가 가장 높아진다. 우리 몸속으로 들어온 산소는 혈액을 타고 우리 몸속 구석구석의 세포에서 에너지 대사를 한다.
우리 뇌는 산소를 가장 많이 필요로 하는데 그중 산소요구가 가장 많은 뇌의 세포에 신선한 산소가 충분하게 공급되면 두뇌 활동이 활발하게 되어 뇌 기능이 향상되게 된다..
숲속의 신선한 산소가 우리 몸에 충분히 들어오면 혈액순환을 촉진하며, 면역을 높이고, 피부미용 효과, 해독작용, 암세포 증식 억제 등을 하게 된다.

- 숲속의 초록색은 인간의 자율신경계를 안정시켜서 편안하게 한다.

숲속에 들어가면 마음이 편안해지고 피로가 풀리는 이유는 자연의 색인 녹색이 주는 진정 효과 때문이라고 한다. 자율신경은 우리 몸의 기능을 자율적으로 조절하는 신경계이다. 자율신경계는 심장박

동, 호흡, 호르몬 분비, 혈액순환, 소화, 배설 등이 일정한 상태를 유지할 수 있도록 조절한다. 숲속의 초록의 자연색은 자율신경계를 안정시키는 색으로 심신을 치유하는 칼라테라피의 소재로 활용된다.

나. 자연교감 접지맨발걷기

자연 속에서 시간을 많이 보낼수록 인간의 건강은 좋아진다. 신선한 공기와 운동은 신체적으로나 정신적으로 그 효과가 좋아 오랫동안 권장되어 오고 있다.

자연 속에 있거나, 자연 근처에 살거나, 그림과 비디오에서 자연을 보는 것만으로도 우리의 뇌, 신체, 감정, 사고 과정 및 사회적 상호작용에 긍정적인 영향을 미칠 수 있다.

자연과의 연결성을 높이는 방법에는 여러 가지가 있으며, 여기에는 일반적으로 많은 효과를 활용하기 위해 세상과의 연결성을 높이는 감각활동을 증진하는 것이다.

자연은 매우 넓은 정의를 가질 수 있다. 공원과 숲과 같은 녹지 공간뿐만 아니라 강, 습지, 해변과 같은 푸른 공간을 의미할 수 있다. 전용 정원과 실내 식물도 마련되어 있다.

자연과 다시 교감할 수 있는 간단하고 유익한 몇 가지 방법이다.

1) 실천방법

가장 간단하고 자연스러운 접지 방법은 밖으로 나가 맨발과 손을 땅에 대는 것이다. 맨발로 정원, 공원 또는 해변을 걸을 수 있다. 야외에서 잠을 자거나, 땅에 앉거나, 정원을 가꾸거나, 바다 파도에 서 있는 것과 같이 자신을 접지하는 다른 방법이 있다.

자연으로 나가 만지고, 냄새를 맡고, 귀를 기울이고, 가능한 한 많은 감각을 사용하여 참여하도록 한다.

친구 및 가족과 함께 접지 맨발걷기를 하도록 한다.

2) 치유효과

정서적 이점도 있다. 맨발로 해변을 따라 걸으며 파도 소리를 듣고, 발가락 아래의 모래와 물을 느끼고, 조금 더 행복하고 차분함을 느낄 수 있다

지구의 에너지에 연결하는 것이 몸과 마음에 긍정적인 영향을 미칠 수 있는 치료 관행이다.

접지맨발걷기는 관절염, 불면증 및 우울증에 이르기까지 다양한 문제해결에 도움을 주게 된다.

접지맨발걷기 병행 자연활동

1. 아이들과 함께 시골 개울이나 강에서 낚시한다.
2. 해변에 앉아 해가 지는 것을 감상한다.
3. 화창한 오후에 가족과 함께 동네 공원으로 피크닉을 간다.
4. 아이들이 오리에게 먹이를 주거나 개울 끝에서 자라는 자갈과 녹지를 탐험하게 한다.
5. 카페에서 커피를 마시기보다는 친구와 함께 해변을 맨발로 산책한다.
6. 여름이 아니어도 가족과 함께 해변으로 가서 모래성을 쌓고 모래 속 조개껍데기 같은 것을 찾아 본다.

다. 음식을 통한 자연교감

맨발로 농장의 흙을 밟으면서 우리의 음식의 소재가 되는 유기농법 농작물

등을 재배한다. 우리 몸도 직접 치유하고, 건강 먹거리도 만들 수 있을 것이다.

음식은 인간이 자연과 연결되는 필수적인 부분이다. 패스트푸드와 전형적인 서구식 식단의 보급은 종종 우리가 자연이 의도한 대로 실제 음식의 혜택을 누리는 것보다 편리함에 더 집중한다는 것을 의미한다. 직접 식량을 재배하면 음식 교감의 시작이다. 치유는 유기농법이 중요하다. 유기농법 농작물은 안정성이 높고 독소가 적을 것이다.

아이들과 함께하는 접지맨발걷기 농사활동은 가족과 함께 가족프로그램으로 하면 좋다. 가족끼리 땅에 서거나 앉아서 손가락으로 흙과 식물을 물리적으로 만져볼 수 있다.

라. 접지 맨발걷기와 대화의 병행

야외에 나가서 맨발로 흙과 맞닿을 수 있도록 걸어면서 대화를 통해서 인간관계도 좋게 만드는 것이 중요하다. 우리가 야외로 나가면 기분이 좋아진다. 복잡하지 않고 관대하게 된다.

보행 치료란, 밖에서 흙위에서 맨발로 걸으면서 치료를 받는 것이다. 종종 나뭇잎 그늘이 드리워진 큰 나무줄기에 고객과 함께 흙과 신체가 직접 접촉하면서 앉는 것도 좋다.

다른 시간에는 공원, 쉼터를 돌아다니며 연중 시간에 따라 도중에 건강한 약초, 과일들을 접촉할 수 있다.

야외 치유는 당신에 관한 것이지만 대화를 통해 기분을 좋게 만들고 치유공간 속을 걷는 것도 좋다.

녹지 공간에서 양질의 시간을 보내는 사람들은 건강 문제가 적고 더 오래

살며 녹지 공간 자체가 스트레스 완충 역할을 하여 사람들이 삶의 역경에 더 잘 대처할 수 있도록 도와준다. 다른 연구에 따르면 일부 나무의 보이지 않는 화학 물질(피톤치드라고 함)은 스트레스 호르몬을 줄이고 불안을 낮추며 혈압과 면역력을 향상시킬 수 있다. 또한 더 깊은 수면을 취하고 '숙면'을 적극적으로 도울 수 있다.

우리는 모두 본능적으로 야외에 있으면 필요한 비타민 D의 형태로 제공되는 자연 햇빛을 얻을 수 있다는 것을 알고 있다. 우리가 모를 수도 있는 것은 햇빛이 비치는 야외에 있으면 호르몬, 특히 멜라토닌 수치가 자연적으로 안정화되어 우리 몸이 잘 회복되고 조절된다는 것이다. 불행히도 멜라토닌은 컴퓨터나 핸드폰 빠져 실내에서 많은 시간을 보낼 때 파괴되는 것이다.

연구에 따르면 스크린 타임은 어린이의 피로, 우울증, 불안, ADHD 증가, 집중력 저하와 관련이 있다. 일본 연구진은 숲에 더 가까이 살거나 숲 근처에 사는 사람들이 폐암, 유방암, 자궁암, 전립선암, 신장암, 대장암의 발병률이 현저히 낮다는 사실을 발견했다. 숲속을 걷는 것의 건강 개선으로 인해 그들은 심지어 약을 덜 필요로 하는 환자들을 위해 놀라운 회복을 가진 숲 병원을 열게 되었다

농촌으로 가기 힘든 사람들은 도시의 공원이나 숲에서 접지만발걷기를 할 수 있다. 아마존이 아닌 런던과 같은 도시에 기반을 두고 있다면 어떻게 해야 될까? 자연이 도시의 작은 공간으로 채워지더라도 우리에게 유익하다.. 사실, 도시에서는 외부와 외부를 연결하려는 욕구가 훨씬 더 크다. 걷을면서 동료들과 말하면서 걷는 것은 기분이 좋으며, 건강에도 1석 2조가 된다.

8. 집안 접지 치유 등 다양한 접지 방법

접지에는 여러 유형이 있다. 그들 모두는 자신을 지구와 다시 연결하는 데 초점을 맞춘다. 이것은 지구와의 직간접적인 접촉을 통해 이루어질 수 있다.

- 접지맨발걷기

  따뜻한 여름날 밖에 나갔다가 맨발로 풀밭을 달리고 싶은 충동을 느낀 적이 있을 것이다. 땅에 발을 디디는 가장 쉬운 방법 중 하나는 맨발로 걷는 것이다. 잔디, 모래 또는 진흙 위에 있든 피부가 자연 지면에 닿도록 하면 접지 에너지를 제공할 수 있다.

- 흙, 모래, 잔디 등 바닥에 눕기

  바닥에 누워서 피부와 땅의 접촉을 늘릴 수 있다. 공원 옆 풀밭이나 해변의 모래사장에서 할 수 있다.

  이런 식으로 착지할 예정이라면 적절한 예방 조치하고 다칠 수 있는 곳에 절대 누워서는 안 된다.

- 물에 잠기기

  접지옹호자에 따르면 물리적 지구가 접지에 사용되는 것과 동일한 방식으로 물을 사용하여 접지할 수 있다. 단순히 맑은 호수에서 물놀이를 하거나 바다에서 수영하는 것을 제안한다. 항상 그렇듯이 수영할 때, 특히 탁하거나 깊은 물에서 수영할 때는 안전을 유의해야 한다.

- 접지 장비 사용

  밖으로 나가 땅을 밟는 것이 선택 사항이 아닌 경우, 다음과 같은 방법이 있다. 접지의 한 가지 방법은 금속 막대를 외부 접지에 연결한 다음 막대를 와이어를 통해 신체에 연결하는 것이다.

금속 막대를 사용하여 접지하는 것이 불편하다면 다른 접지 장비를 사용할 수 있다. 이 장비는 접지 요법을 일상생활에 통합하는 효과적인 방법이며 다음을 포함한다.

- 접지 매트, 접지 시트 또는 담요, 접지 양말, 접지 밴드 및 패치

집안에서 접지방법

우리가 집에서도 몸을 접지시키는 방법이 있다.

그건 바로 건물에 설계되어 있는 접지선을 활용하면 된다. 대부분의 건물에 전기설계를 할 때 건물과 땅을 접지시키고, 전기 소켓에 철심처럼 나와 있는 부분을 통해서 당과 전기콘센트가 접지가 되도록 지어져 있다.

그래서 플러그에 전선을 연결할 때 전기는 통하지 않게 접지부분만 연결시키고 우리 몸이 닿을 수 있는 물체에 연결해주게 되면 그 물체를 통해서 집안에서 접지할 수 있다.

전기테스터기로 시험을 하게 되면 우리 몸의 전위차가 떨어지게 된다. 전위차가 떨어진 만큼 인체가 감당해야 할 전기적 스트레스가 확 줄어들게 된다. 항상 전자기기나 와이파이 등에 노출되어 살고 있다면 그로 인한 스트레스가 만만치 않을 것이기 때문에 접지 도구들이 도움이 될 것이다.

제4장

농촌 치유자원을 활용한 농촌치유프로그램
농특산물 족욕, 농촌 일광욕, 접지맨발걷기

농촌치유자원 이용 융합형 치유프로그램

제4장. 농촌치유자원 이용 융합형 치유프로그램

지금까지 일광욕, 접지, 족욕 등 3가지 치유기법에 대해서 정리해 보았다. 이 세 가지 치유기법이 보다 우리 몸을 잘 치유하기 위해서는 서로 융·복합화 치유프로그램이 필요하다. 특히 농촌의 치유자원과 치유공간을 접목하여 치유프로그램을 개발하면 더 좋을 것 같다.

1. 족욕과 일광욕 융합 치유프로그램

족욕을 하면서 일광욕을 할 수 있도록 치유프로그램을 개발하면 더 효과적이다.

1) 일광욕 + 족욕 순차 진행 : 1시간 30분

먼저 일광욕을 한 후 족욕을 하면서 피로를 해소할 수 있다. 햇빛이 비치는 장소를 택하여 신체를 노출시키면 된다. 이때 반드시 얼굴을 가리고 해야 시력이나 얼굴 피부를 손상하지 않고 할 수 있다. 일광욕은 1시간 이내로 실시하면 된다. 방법은 앞부분에도 언급되었듯이 여름철에 강한 햇빛은 피하고, 겨울은 하루 중 어느 때나 해도 된다.

이렇게 일광욕이 끝나면 족욕을 하도록 한다. 족욕은 30분 정도 하면 되는데, 족욕은 족욕 재료와 방법에 따라 치유 효과가 다를 수 있으니 치유 대상과 상황에 맞게 선택해서 하면 된다.

2) 일광욕 + 족욕 동시 진행 : 1시간

일광욕을 30분 정도 하고 나서 족욕을 하면서 일광욕을 할 수 있도록 한다.

처음 30분 동안은 일광욕을 한 후 족욕을 하면서 일광욕을 할 수 있도록 하면 된다. 얼굴과 눈을 보호하기 위해서 모자를 쓰고 몸의 상체를 햇빛에 노출해서 의자에 앉아서 족욕을 하도록 하면 된다.

2. 일광욕과 접지맨발걷기 융합 치유프로그램

1) 일광욕 + 접지맨발걷기 순차 진행 : 2시간

먼저 일광욕을 한 후 접지맨발걷기를 순차적으로 하는 방법이다. 특히 여름철일 경우 이 방법이 효과적이다. 우선 아침에 햇빛이 강하지 않을 때, 즉 오전 10시 이전에 1시간 이상 일광욕을 한 후 접지맨발걷기를 하면 좋다. 접지맨발걷기는 숲속의 그늘 속에서 흙이나 잔디를 밟으면서 걷기를 하면 여름철 뜨거운 햇빛을 피해서 할 수 있다.

2) 일광욕 + 접지맨발걷기 동시 진행 : 1시간

일광욕하면서 접지맨발걷기를 하는 방법이다. 이 방법은 계절에 따라 하는 방법이 달라야 한다. 봄과 가을이 가장 적합하고, 여름철에는 햇빛이 강하지 않은 시간에 하면 된다. 여름철에는 오전 10시 이전이나 해지기 1시간 전에 하는 것이 좋다.

우선 햇빛에 신체가 노출될 수 있도록 신체의 상위를 노출하고 모자를 쓰고 맨발로 흙이나, 잔디 위를 걷거나, 의자에 앉아 있으면 된다.

3. 족욕, 접지, 일광욕 융합 치유프로그램

1) 일광욕 + 접지맨발걷기 + 족욕 순차 진행 : 2시간 30분

먼저 일광욕을 한 후 접지맨발걷기를 하고 족욕으로 피로를 회복하면서 치유를 하는 방법이다. 먼저 일광욕을 햇빛이 잘 들어오는 마당, 잔디밭, 야외 쉼터 등에서 실시하면 된다. 이렇게 일광욕이 끝난 후 흙, 잔디 등과 접지가 되도록 맨발로 걷기를 하면 된다. 그리고 족욕을 하면서 일광욕과 맨발걷기를 통하여 쌓인 피로를 회복하고, 발도 깨끗하게 씻을 수 있어 편안하게 관리할 수 있다.

세 가지 치유법 중에 반드시 맨 마지막에 족욕을 하는 것이 좋다. 일광욕이나 접지맨발걷기는 순서가 바뀌어도 되는데, 가급적 일광욕을 먼저 한 후 접지맨발걷기를 하는 것이 좋다. 접지맨발걷기를 먼저 하게 되면 접지맨발걷기를 하면서 땀이 나고 피로에 지치게 될 수 있기 때문이다. 땀이 흘리면서 일광욕을 하게 되면 땀 냄새를 맡으면서 일광욕을 하게 되어 좋지 않다.

2) 일광욕 + 접지맨발걷기 동시 진행 : 1시간

3개 치유프로그램을 동시에 하려고 하면 별도의 치유적 공간을 조성하면 좋다. 예를 들면 발은 족욕 통에 담그고 신체 상부를 햇빛에 노출시킨다.

이때 손은 흙이나 잔디와 접촉이 이루어지도록 공간을 설계하고 도구를 개발하여서 실천하면 시간을 1시간으로 단축할 수 있다.

이 방법은 우리 몸에 중복해서 작동하게 되어 그 효과가 서로 상승할 것인지, 감소할 것인지에 대한 근거자료는 확보하지 못하고 있는 실정이다.

알 림

본 책자를 구매한 독자께서는
다음 메일로 연락 주시면
농촌치유프로그램 관련 참고자료를 보내드립니다.

• 연락메일 : tryjolh@naver.com
• 서비스대상 : 농촌치유프로그램 구매자에 한함

농촌 치유자원을 활용한 농촌치유프로그램

초판 발행 2023년 2월 27일

저자 조록환

펴낸이 변창훈

펴낸곳 대구한의대학교 출판부

주소 3861 경상북도 경산시 한의대로 1

전화 053-819-1577, 1578

등록 1987년 11월 21일

ISBN 979-11-86788-46-2(13520)

정가 15,000원